鹿鸣心理

［英］R.D.欣谢尔伍德◎著
（R.D.Hinshelwood）

霍斐斐 胡萍 徐溪◎译

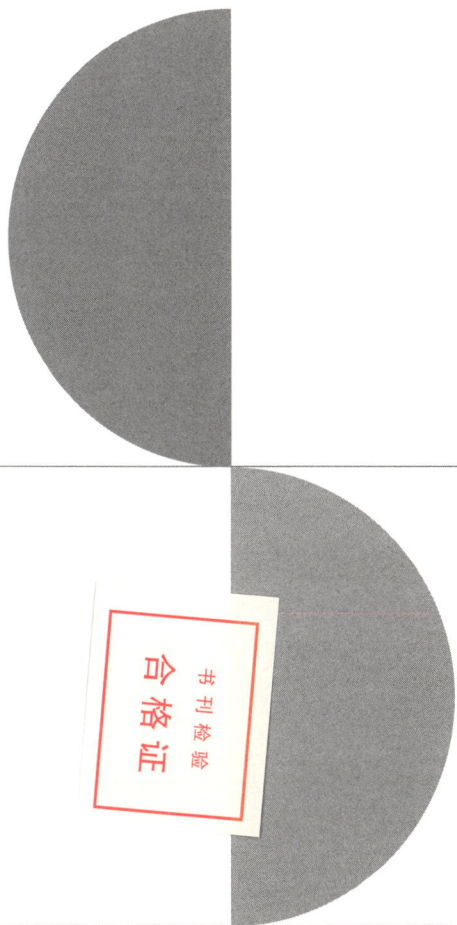

团体中发生了什么

书刊检验
合格证

重庆大学出版社

前言

我的目标有两个：建立一种思考团体、社区和机构的方法，尤其是治疗性的；指出治疗性团体和社区可能的发展方向。

在任何类型的团体中工作都会接触到多种复杂的团体成员。我曾经写道：

> 心理学家、社会学家和生物学家背对背地坐在一起。在这个不舒服的三方跷跷板中，医生和治疗师试图保持各方的平衡。这是我们在治疗性团体工作中的像玩杂技一样的位置。专家、学者对自己专业的无所不知，让他们感到荣耀。而对从业者来说，需要谦逊地知道几乎所有的事情都是不确定的和自相矛盾的。
>
> (Hinshelwood,1983a,p.167)

在大多数情况下，对人的治疗工作强调心理方面。即使是和团体工作也要强调个人和团体的心理。团体治疗通常始于对个人心理的理解，再向团体发展。为了理解更大的群体——社区和机构，我们会去看更小的团体的经验。在这本书中，我会以相反的方式描述。

我第一次做团体治疗是在一个很大的治疗性社区中，直到后来我学习了精神分析，才了解到这一点。我想说的是，这本书倾向于纠正这种平衡，它更多地从个人和社会的双重角度来看待问题。我认为没有必要将小团体与大团体的经验分开，这是目前可以普遍接受的观点。而且我相信，在大的团体中可辨别的状况与小的团体中发生的状况是相关的。与这两种类型的团体工作的体验当然是不同的，在我看来，这是因为小团体的组员在一起时某些方面被隐藏，而不是因为大团体不同类型的人聚集在一起形成一种本质上不同的群体。在这一点上，我支持德·梅尔的观点，即我们真正需要的是对更大团体进行更多的研究而不是小团体(de Mare, 1985)。然而，我的方法与他的截然不同，因为他拒绝小团体的想法和将多团体放在一起形成一个统一系统的大团体。我的观点是接受小团体的事实，并积极地理解这种现象中出现的需求和防御。

我想说的是，在所有的小型治疗团体中，有一点是常常被忽视的：无论你如何精心地挑选、仔细地管理个人访谈，它仍然是多团体系统的一部分——当然在组员和治疗师的幻想生活中也是如此。

从社会的角度来看，大团体确实需要坚定的意志，去暂时放弃一些为思考小团体而演变出的令人欣慰的框架。如果大的团体中出现不舒服和不安全感，那么这么做对所有人来说都是有益的。前面所说的做出妥协这一点也确实意味着在制订大团体工作流程时缺乏严谨性，正如米勒德最近所证明的那样，他自己也在设法补救。这本书的后半部分就是在尝试对团体和社区的类型及其治疗与反治疗特性进行更严格的系统思考。

社会-个人层面

治疗性社区刚好是联结个人和社会的媒介。如果不承认治疗性社区的这个性质，治疗性社区这种理念的提出者汤姆·梅因（Tom Main）就不可能提出治疗性社区这个理念，也不会提出他对团体中的人的理解。从他还是一名战争精神病学家的时代开始，他就一直在思考的是有一些社会体系似乎要比其他的社会体系对个人更健康：

> 在战场上工作的精神科医生都知道：在某些营里，个体崩溃是常见的，而在其他营里，则很罕见的。在战场上，经常会遇到一些管理良好、集体士气高涨的部队，其中有相当数量的战士有明显的精神崩溃，但是他们拒绝报告生病，并且会有效地坚持下去；在另外一些部队里，整体上弥漫着不快乐、效率低下的氛围，个

> 体普遍有反应性痛苦、抱怨、行为不良和身心障碍，即使在健康状况稳定的人中也是如此……到底是什么力量决定了促进或未能促进其内部人员的健康？这些差异来自哪里呢？这与社会结构无关，也与角色关系无关……它似乎与文化有关，通过人类风俗系统起作用，决定了社会结构内人际关系的质量。比起之前说的，这更加模糊，不过更加重要。
>
> （Main,1977; reprinted in Pines, 1983, pp. 200-201）

人际关系的质量和整体社会功能在某种程度上有着显著的联系。这种类型的观察我已经做了一段时间。社会关系会影响心理健康，有些是治疗性的，有些则不是。它们之间的差异是什么呢？我们是如何看待文化通过"人类风俗"系统发挥作用的？

治疗性社区工作的一个重要宗旨就是把责任放在正确的位置。人们能很清楚地认识到责任会被放错地方。所有成功的治疗性社区的标志就是团体内部对责任的心理学动力的一致认识。并且它们体现了对分担责任的持续推动，源于工作人员愿意为患者和其他工作人员提供具有参与者权力和责任的互惠成人角色(Main, in Kreeger, 1975. p.61)。在大多数治疗机构中，责任，连同履行责任所需的资源和权力，通过共同的社会协议在工作人员中重新分配；而不负责任，以及随之而来的耗竭感和无助感，也是通过共同协议，在患者/住院医生身上累积。因此，"只有健康或疾病的角色可供选择"；员工只能是健康、博学、善良、强大、主动的，病人只能是病痛、无知、被动、顺从、感恩的(p. 61)。

这本书的第一部分开始讲述社区人员、素质、责任感的社会再分配。第四章用这种方法描述了一些个人的内部世界，这些内部世界与他们在社区这样的外部世界的功能相关。

治疗性的社区和防御性的社区

梅因认为在大的团体中社会认同对人的素质和责任的重新分配是一个正常的过程，因此这样的社会性认同在帮助机构的同时也让他们不再感到无助。梅因认为从人际层面的动力来看，这与投射和内射有关。这些代表了防御机制，可以从焦虑和无意识的幻想来理解这些防御机制。他最清晰的例子就是一个神经质的婚姻：

> 一位太太也许会强迫她的先生去拥有她自己的恐惧、侵略性和支配的方面，然后她去害怕和尊敬她的先生。反过来，他可能会对她产生侵略性和支配感，这不仅是因为她先生本来是这样的人，还因为她自己把这些强加给她的先生。但更多的是，由于他自己的原因，他可能会鄙视和否认他自己人格中某些胆怯的方面，通过投射性认同将这些方面强加给他的妻子并相应地鄙视她。这样一来，她可能不仅可以保留她自己胆小的、不具攻击性的部分，而且还会容纳他胆小的部分。某些夫妻生活在这样的封闭性系统中，被相互投射的幻想所支配，每个人都没有真正嫁给一个人，而是嫁给了他们自己不需要的、分裂的和投射的部分。无论是霸道而残忍的先生，还是愚蠢、胆小和尊敬先生的太太，都可能对自己和彼此极度不满意，这种婚姻虽然动荡不安，但稳定，因为每个伴侣都出于病态的自恋目的而需要对方。

(Main, 1975, p.58)

剩下的第二部分（第五章到第七章）是关于投射、内射、认同和理想化的团体临床表现（第五章），个体自身无意识的内部世界在社区人际关系中的含义（第六章），个人与社会的这种相互渗透对社区及其制度的整体特征的影响（第七章）。

为了探索和举例说明这些主题，有必要大量依赖他人的工作，尤其是埃利奥特·杰奎斯和他的同事伊泽贝尔·孟席斯的经验。埃利奥特·杰奎斯第一个发现了社会防御系统的概念。他们阐述了这样一种想法：社会制度本身就能被成员当成一种心理保护，以使其免受个人痛苦。正是这种对工作和机构要求的防御性操纵体现在梅因所说的"人类风俗习惯"的文化现象中，通过这样的文化现象制度就可以运行了。

在机构工作中的个人经历

这本书的内容来自我对一家治疗机构的长期观察，所有的观察都来自亲身体验而非旁观者的观察。我希望可以用大家都熟悉的方式打动那些同样身在机构工作的人。

然而，这本书着重强调的是人们的经历，由于这是一个治疗机构，这些经历既包括工作人员在工作中的经历，也包括寻求医治的病人的就诊经历。个人的经历和人际关系构成了机构的基石，同时他们也是制度的能量来源。我认为精神分析是目前最具探索性的工具，它能帮助我理解人类经验。我已经避免将个人心理简单地转换到公共领域。相反，意识到这一点很重要：在一个集体中，每个个体发生的事件绝不仅仅是个体事件的聚合或总和。在研究对象中存在真正的层次分离。我试图去理解个体在社会中的经历而不是研究社区心理学。这本书以人们痛苦的经历为基础，这些经历在治疗性社区中较为常见，包括这种特殊的同时也比较典型的治疗经历：出错。

第三部分介绍了在治疗性社区工作中遇到的许多问题，尤其是个人层面的失败感问题和团体或机构层面的士气问题。工作人员，无论是个人还是团体，在与病人的关系中拥有的经验，与他们从情感上保持距离所获得的见多识广的观察一样重要。他们的经验是被拥有和使用的，而不是被否认或投射的。

机构的特征和病理

本书中报告的工作有助于人们在一般机构中找到自己的情感方式。社区虽然有自己的处理方式，但本书介绍的内容反映了人们在任何机构中都会遇到的问题。它不仅仅是治疗的背景，还是一种实际的元素。它可以被用来通过放弃防御而避免获得治疗的好处。就像个体治疗中的移情神经症一样。因此，重要的是要超越对社区生活的简单描述，并发展出一个框架来思考机构的性质，它至少可以应用于治疗性社区。

第四部分是对材料的进一步系统化，它开始于对边界的功能特别感兴趣，特别是对社区内的。边界的失效是投射从经验中逃离出来的线索。在这些章节中，定义了制度的重要维度，这些维度构成了社区性质。它们是脆弱性、刚性、弹性和任何时刻的扰动程度。

治疗性社区的实践

治疗性社区的工作有一个特别的任务：促使个人做出更适应的改变。这项工作具有辩证性，因为它有意识地关注公共事件，同时也关注个人目标。

第五部分回到治疗性社区的特殊目标上，并且探索在社区特质上需要的品质，使其成为个人治疗的载体（见第十八章）。假设以最普遍的方式将其理解为一种增强的能力，来面对迄今为止一直被防御的

体验，那么社区可以被视为一个包容的"母亲"，被投射到其中，并
为了某种目的被个体重新内射以支持个体的包容功能（见第十九章）。
社区特质的维度会在第十七章描述，实际上是那些定义某种类型干扰
容器的维度。

社区的边界需要持续维护以维持它们的弹性。为了维护弹性而没
有了组织，这本身就是每个社区都要面临的挑战。因为这也是每个个
体面临的挑战，每个人都在维持他自己的弹性边界。

最终这些想法需要通过举一个延展性的例子（见第二十章）和一
些说教的操作指南（见第二十一章），转化为治疗性社区工作者的实
践。第二十二章将这里报告的发现再次放回到小团体的背景中，并展
示它们与团体治疗实践的相关性。使我们回到一个完整的循环。

该项目的原始大纲是 1971 年在马尔伯勒日间医院的工作人员谈
话中提出的（Hinshelwood，1972），并且后来的一些结论性报告出现
在《治疗性社区：反思和进展》的几个章节中 (Hinshelwood and
Manning eds, 1979)，在我离开医院后的三年出版。我在许多场合谈到
本书中包含的材料，并经常在每年一度的英荷治疗性社区研讨会(温
莎会议)上讨论。

我工作过的社区（哎，它不复存在了），已经在 1977 年解体了。
我们投入这么多精力的作品消亡了，这大大增加了我对那段经历进
行消化和学习的艰巨性。其结果是关于机构性质的观点，这种观点来
源于对机构的亲身参与，并试图在社会层面上严格使用治疗性框架
（精神分析的）的尝试。其中一幅插图以前曾以不同的形式发表过
（Hinshelwood， 1985 ）。

这是一本很难写的书，写了太长时间。虽然我已经写完了，虽然
我使用的特定参考框架并没有被马尔伯勒日间医院的所有团队完全共
享，但这部作品是从整个团队的集体直觉和共同经历中衍生出来的，

有比我资历深的人，也有比我资历浅的人。很难说哪个人的贡献最大，但我必须提到希娜·格伦伯格和罗杰·霍布戴尔，以感谢他们有活力的贡献和竞争力，以及安吉拉·福斯特、安娜·克里斯蒂安、哈泽尔-安妮·路易斯和帕齐·霍尔，感谢他们在我们许多焦虑的时刻所给予的温暖的支持和包容，我们一起经历了很多。

最后，我要感谢工作细致的鲍勃·杨编辑，他的建议和鼓励非常有帮助，以及同样工作细致的萨拉·比兹沃斯，感谢她把我的文字排版成适合读者阅读的状态。

我保留了"病人"这个词，尽管它可能有偏见的含义。我这样做的依据是：（1）充满希望地使用如"成员"或"居民"等替代术语，往往是令人失望的，偏见再次出现；（2）事实上，在这本书中的论点的主旨是不应该仅仅摒弃不切实际的偏见，而是从中吸取教训。希望这些例子和对这些例子的分析能澄清"病人"一词在不同时期的含义，以及它的传统和偏见的含义从何而来。

我也倾向于保留第三人称的男性视角，以避免笨拙的措辞；也因为本书的观点表明，偏见的本质并不能通过一个简单的术语操作来规避。

目录

第十五章　破坏性和脆弱性

第十六章　僵化的真相

第十七章　社区人格的维度

第一部分

原始经验

第一章

承受痛苦的经验

　　刚到社区工作的时候，我和很多天真、无知的年轻人一样，可谓是初生牛犊不怕虎。那时候的我，常常需要面对工作带来的各种不适。曾经让我充满信心的治疗方式，效果却不尽如人意。初来乍到者对治疗性社区的第一印象，通常与真正参与了这种治疗性社区之后的真实感受不同。因此，开篇我将从个人体验的角度，谈谈我对治疗性社区的一些看法。

　　治疗性社区里的团体会议并不总是有用的。有时候，甚至人们会感觉团体会议是毫无用处的。因此，我需要区分真正无用的团体和让人感觉无用的团体。为此，我将从后者开始谈起。在这里，我的论点是：无论是什么样的体验，都是可以使用的，即便是感觉"无用"的团体体验。

出错的会议

　　我脑中浮现的这类团体，似乎是什么也做不成的，工作人员最终会感觉被逼到墙角，无所适从。当一次团体会议在所有人的共同努力下仍然出错的时候，人们常常试图在会后的集体交谈中宣泄不满。

这些会后谈论有如下特点：首先是焦躁而徒劳地议论社区会议的目的；其次是工作人员情绪化地抱怨，认为会议向来是这么糟糕。这些员工议论常常遵循着一个可以预见的流程。一些人会质疑会议的价值，他们常常引用的观点是：糊涂的病人并不清楚自己就医的目的。另一些人，可能比大多数人更早融入社区，他们认为问题早已盖棺定论，几乎不值得再多做讨论。这些讨论大多毫无结果，不会带来任何改变。没有人能够对疑惑做出令人信服的回应，同时也没有人催促他人给出结论。于是，从来没有答案，也没有新的决策或决定。

会议的氛围是这些讨论的核心。它来自一个共同的体验，即感觉有些地方不对劲。大家集体经历了一次不舒服的事件。然后，他们一起宣泄内心的不满。他们的个人反应，无论是轻蔑的批评，还是放弃信任，都找到了让他们自己信服的说辞。不过，这些不同的理性观点都源自某些共同的感受。讨论只是在宣泄心中的不快，而不是为了解决问题。

接下来，我们将会继续探讨什么样的社区会议会催生不安的成员。

示例1.1　出了问题的会议

这是一场35人左右的会议，时间是星期二下午，当时距离复活节假期大约还有三周。参会者还包括三位访客和一位新病人。值得一提的是，在会议前一周，该社区发生了几起暴力冲突事件（通常，此类事件在该社区是很罕见的）。

会议开始没多久，我们就陷入了令人难受的沉默。有一两个人来晚了，他们就落座在空椅子上。最后一个姗姗来迟的是亚当，他走到一把椅子前，却发现椅子的底部坏了。他犹豫着，不知道该怎么办，因为除了布莱恩用脚占着的另一把椅子外，已经没有其他空座了。布莱恩就坐在亚当的旁边，却没有要帮忙的意思，也没有挪动他的脚。最后，坐在对面的克莉丝汀问布莱恩，为什么不把他占着的椅子让给亚当。布莱恩这才一言不发地把脚从椅子上挪开。这个冷漠的例子非常准确地呈现了会场的氛围。沉默再一次笼罩下来。5分钟后，一位名叫戴安娜的病人开始发言，说了一段不指向任何人的独白。看起来，她准备没完没了地自说自话下去。这样满是内省且单调的独白，似乎很好地契合了当天会场的氛围：缺乏回应。她的话语成了会议主要讨论的内容。虽然她提出了许多观点，但都在反复强调她悲痛欲绝，却无法得到慰藉。于是，会议迎来了需要面对的问题：如何安慰无法得到慰藉的人。

沉闷的气氛严重干扰了会议的进程，任何呈报的议题都无法得到帮助。戴安娜可能是要我们去安慰她，可惜这个尝试失败了。最终，员工诺埃尔提到，似乎没有人能够从当天的会议上得到帮助。他的这句话没有得到及时回应。不过，诺埃尔随后的一个解释却激起了大家的共愤和敌对。不止一位参会者抱怨，员工的批评和管束，让他们饱受折磨。好像诺埃尔就是一个冷酷无情的监工，鞭挞着病人工作。

这样的团体文化，是"出了问题的会议"常常会有的一个非常普遍的特征。阴郁且反应迟钝的病人被动地抗拒着员工们专制的言论。员工们最终也感到不快与不安，因为他们对戴安娜持久的耐心竟是如此的吃力不讨好。

会议走向了病人和员工之间的"偏执"对抗。面对这样的情景，至少员工在事后要能够自我解脱。他们的人设已经不由自主地被定为吹毛求疵、残忍苛刻和缺乏耐心。然而，当诺埃尔表达了自己的感受，觉得有些东西出错了，这时候的他真的是残忍苛刻吗？或者，他的话揭露了会议的某些问题？究竟发生了什么？诺埃尔该如何以不同的方式使用他的感受呢？

另一种干预

后面的示例与前一个示例刚好相反。

示例1.2　成功的诠释

> 在同一周的星期五下午，另一场社区会议开始了。会议的氛围不幸与星期二时的一样，这样的气氛似乎贯穿着整个礼拜。在长时间的沉默之后，安发起了与员工南希的激烈争论。她所表达的不同意见是几周之前的老话。现在再一次提出来，或许证实了争论并没有缓解，南希也没有被原谅。其余的参会者都毫无反应地坐在那里，感到有点无聊。
>
> 另一位员工欧文插话说，今天似乎没有人想工作，我们都宁愿出去享受阳光。随后，一个令人不悦的话题被打开了，即如何去爱一个你不信任的人。很多人分享了自己的看法。会场的气氛也从沉闷转向了悲伤，并出现了参与感。

欧文的这次干预，乍一看和星期二诺埃尔的介入非常相似。然而，它却出乎意料地成功，给会议带来了重大转变，与星期二的会议截然不同。同样是提到自己的感觉：会议出问题了，工作似乎没有进展。不同在哪里呢？也许欧文在星期五这场会议的干预带着对困难的认识，也许他能够洞察对温暖的渴望这一基本需要。在星期五这场会议中，干预在很大程度上被认为是对痛苦和无能的容忍，而发生在星期二的，似乎是对不负责任的批评。这份同情和安慰，结合对失败的承认，为先前充满指责的氛围注入了新的元素。

会议中产生的对待员工的态度，常常是毫无依据的。然而，他们的不现实本身就是一种现实。我的目的就是去探究这些会议文化是如何神秘地发展出来的。

治疗师的体验是他自己的吗？

治疗性社区的新手们，想必都和当年的我一样，对这些像碰运气似的时而有效时而无效的诠释感到迷惑不解。在随后的章节中，我们要对这些情境、可能会用到的"诠释"做出更准确的判断，尤其是员工怎样更准确地把握和使用自己当下的经验。

诺埃尔在星期二的会议中体验到了什么？如果他感觉自己受够了这个团体，这样的感觉是否也向他传达了关于当天会议的某些信息？如果是，他又能做些什么呢？这些都是本书将要解决的问题。解决了这些问题，治疗性社区的工作便有了基础。

解释体验

本书认为，治疗师的体验是属于他自己的。尽管如此，他仍有多种方式让自己与体验保持距离。正如我在开始时提到的，有无数种推理可以用来解释发生了什么。可惜，这些推理往往只是治疗师用来处理自己当下体验的方式。唾手可得的解释往往流于表面，并且偏重治疗师自身的愿望，即他想要弱化、消除或轻视那些他不赞同的体验。

大多数治疗师，尤其是没有经验的治疗师，会迫于压力而不得不说清楚，究竟什么对团体成员是好的（坏的），以及为什么这样（比较不容易说清楚的是为什么这样对他们自己是好还是坏）。可能的情况是，某些长期沉默的病人终于开口了。或者，团体中弥漫着欢愉的气氛。但是，治疗师的感受，除了对自己的觉察之外，还蕴藏着有关团体生活及其成员的信息。

我们要把病人的沉默看作一种交流，去发现治疗师恼怒（或怜悯）的意义，并且从中学习。不知道沉默意味着什么，就展开对初次开口的病人的工作，是很难有疗效的。会议中的沉闷也可能是一种交流。如果是，那在表达什么呢？治疗师需要促进团体成员对其意义的探索。

团体中好的（或者坏的）体验是理解团体动力的重要线索。只是，治疗师常常简单地希望带给组员好的体验，而尽量减少坏的体验。

如本章开头描述的，员工在会议出问题之后所做的，是努力消除他们在当下刚经历的不愉快体验。

治疗师的努力

从一开始就认识到治疗师的这些需求是很重要的。探索团体的任务和在团体中表达自己的需要，两者是无法称心如意地兼顾的。所有治疗师都会持续处于这种两难的挣扎之中。

治疗师会把任何细节都看作有效的信息。这当然也包括他自身判断好坏的标准。治疗师为了理解团体而做出的努力，也是团体治疗的一部分，可能会影响团体治疗的效果。许多敏感的神经症患者会发现并利用治疗师的感受（尤其是其未知的感受）。一般来说，整个团体从一开始就会探询治疗师对团体的期待，以及他判断好坏的依据。像所有其他成员一样，治疗师可能会无意识地给出相当明确的线索，即他认为这个小组应该以某种方式行事，当团体有负所望时，他就会感到不舒服或不高兴。

带领治疗性社区对治疗师来说是特别困难的。传统心理治疗的自由仅限于言语上的自由联想。治疗性社区虽然是心理治疗的一种形式，却还需要最大限度的实践自由。这可不仅仅是言语上的自由联想。社区里的人是生活在一起的，他们所有的非语言交流都会与各种活动、行为、组织、工作和决策联系在一起。与自由联想相对应的是宽容原则。除此之外，还有维持社区合理、良好秩序的需要。这会让员工左右为难。就像一位负责监管厨房地板卫生的员工，当他看到情况比人们通常可以忍受的卫生标准差很多时，心中难免不悦。与此同时，他又得平衡治疗所要求的条件，对厨房地板上的污垢持宽容态度。只是这种宽容不能凌驾于卫生标准之上。这样的矛盾体验是这位员工需要反复承受的。不过也正是这种体验，随后成了治疗的机会。

治疗性社区的工作者不能简单地选择做管理或做心理治疗，不能只管理社区或只关注个体经验。他们要兼顾两者。在本书中，我希望能通过我的体验展示出这种两难的潜在用途。

总　结

开篇的两个事件都发生在社区会议中，都在探索性地尝试治疗性的干预。尽管两次干预的内容极为相似，社区成员对此的经验却是天差地别的。我们首先介绍了成员对社区的体验，并将其视为关注的焦点。随后提出，员工自己的体验就是他们工作的工具。他们必须掌握的专业技能就是正确使用自己的特殊体验。

第
二
章

在行动中理解

大团体也有不少问题。尽管如此，学校集会、阅兵、年度大会、股东大会——都为了明确的目的而存在。这个目的通常仅仅是彰显这个群体的存在，而不是在实际工作中发挥他们的技能。大团体中释放的强大力量强化了现状。在治疗性社区中，这样做可能相当于放任更多的心理症状和抱怨出现。

大团体的典型特点就是，团体成员的情感力量使大团体中的理性工作受阻。作为社区自我组织、自我决策和自我审视的工具，社区会议显然有很多不利因素。让社区凝聚的力量似乎也妨碍着社区做明智的工作。有趣的是，为什么会这样？卡利利和米勒（Khaleelee & Miller, 1985）启动了一个项目，试图在所有团体中最大的团体，即社会本身中，探究这个治疗过程。

召开会议

在许多社区中，会议是组织社区工作的中心论坛。为了履行这一职能，会议通常高度正式，且结构明晰。主席和秘书等角色已被指定，并有负责起草议程和执行决策的委员会。即使这些会议结构强健，也往往缺乏实际的活力。做决定可能耗时冗长，而且大部分成员的参与度可能不高，或敷衍了事。

在我所描述的社区中，我们做了不同的安排。我们有单独的"业务"会议，因此日常社区会议在业务意义上的作用较小，它更多的是一个了解社区动态的窗口。通过这个窗口，人们了解到业务可能在哪些方面受到干扰。继克罗克特（Crocket，1966）和托林顿（Tollinton，1969）之后，我们采用了这样的假设，即如果"社区神经症"以某种方式阐明并将自己纳入其中，就可能会做出更好的决定；如果神经症性的卷入可以从整个社区中释放出来，就可以给予个体更好的治疗。我们还假设神经症性的侵入需要检查，而检查不应受到价值判断和政治立场的影响。

行动和言语

第一章报告了一次会议，其中某些过程导致社区陷入一种感觉不对劲的状态。与此形成鲜明对比的是，在另一次会议上，结果却令人满意很多。不同的结果表明在某些方面存在差异（见图2.1）。如果初始状态是无明显差别的，那么就是不同的干预造成了两种不同的局面：第一种是引起不愉快的敌对，在这种局面下，员工和病人之间的对抗和质疑弥漫开来；第二种不是敌意的表现，而是对不愉快状态的语言表达。

这是社区讨论发展的一个重要层面。在会议的实际关系中，一端是无意识的行动化表现；另一端是意识清醒的语言化表达。我将用"戏剧化"一词来表示行动化表现。在"戏剧化"的状态下，成员们无意识地入戏了。他们只是发觉自己卷入其中，而且那时候的感觉非常真实。和其他形式的心理治疗一样，最好的办法是以语言表达、意识觉察为目标。但很多时候，病人和员工太容易陷入戏剧化的过程中。就像示例1.1中的员工发现的那样，一旦被卷入，就无法自拔。在示例1.1中，该员工率真地说出了自己的感受，即没有人在工作。那一刻他被卷入一个戏剧化的场景——敌意的病人与咄咄逼人的员工对峙起来。

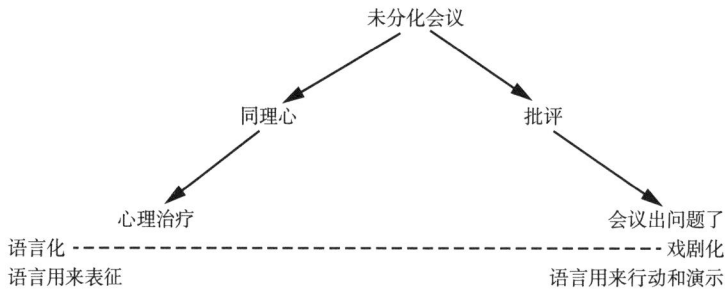

```
                          未分化会议
                         ↙        ↘
                    同理心            批评
                    ↓                   ↓
               心理治疗            会议出问题了
  语言化 ------------------------------------------ 戏剧化
  语言用来表征                         语言用来行动和演示
```

图 2.1　分化过程

　　戏剧化不等同于心理剧。通常，陷入戏剧中的人会失去觉察。入戏是不知不觉的。由于它是无意识的，所以人们没有摆脱它的自由。这不是心理剧，尽管心理剧的技术有助于社区走向语言化表达的一端（eg.，Hinshelwood & Grunberg，1975年发表的心理剧解决了一个棘手的纵火问题；Ploeger，1981）。

　　安齐厄试图将精神分析理论运用到团体中。他将幻想的概念拿来做团体生活的基本概念："最近的某些观察表明，团体基本上是以最古老的幻想来感知的。"（Anzieu，1984，p.117）不仅如此，他还提出某些特定类型的幻想是团体生活的核心。他认为团体持有某种幻想，全体成员集体退行到幻想活动中来。我的观点与此相反，我强调团体是个体幻想的对象。个体倾向于在公共空间进行讨论。因此，我将使用"戏剧化"这个概念，因为它是个体幻想活动的公共形式——

幻想在行动中表现，在公共空间中交涉。

现在我们将进一步探讨这些戏剧化的类型和变形。

敌意的转变

在社区会议中，敌意的戏剧化形式多种多样，并且相互关联。典型的情况是：一个暴君被逼得越来越暴虐，逼迫反抗者与之合作。第一章的示例1.1只是简单地表现为员工批评病人。图2.2a显示了这一过程以及它与一系列戏剧化的关系。

暴君	批评	受害者	
（a）工作人员	…………	病人	示例1.1
（b）J（病人）	…………	病人	示例2.1
（c）病人	…………	"不变者"	
（d）病人+员工	…………	替罪羊	
（e）K（员工）	…………	L（替罪羊）	示例2.2
（f）K（反替罪羊）	…………	L（替罪羊）	

图2.2　敌意的变化

示例2.1　军士

比尔，是一个刚从精神崩溃中走出来的病人。在一个沉默不语、毫无反应的团体中，一直被动的他，开始抱怨自己在做清洁工作时没有得到其他病人的协助。在会议的情境下，他自我认同了一个暴君的角色：他的抱怨逐步升级到了包括倡议建立一个军事化的权力和责任组织的地步，他自己担任"军士"的角色（见图2.2b）。现在，他指望员工来支持他对其他病人的指控。他越愤怒，就越将自己与员工视为权威。在他身上，释放出越来越多的类似于轻躁狂的兴奋状态。事实上，这种状态持续了好几个星期。

这个事件描述了暴君的角色从那位员工身上脱离开来，分配到一个病人的身上。这位员工松了一口气：他们不再是暴虐的迫害者。可是，这又使他们陷入了两难境地，因为这个暴君似的病人以一种非常不现实的方式向他们的权威发出呼吁。他们很难支持他对这种暴政的要求。然而，如果削弱对他的支持就是将他推向完全孤立和进一步的专制控制，那这就是一种典型的戏剧化的无赢局面。

反转——不变者

也可能会发生另一种变化（见图2.2c）。病人们可以通过将敌意指向一个吸引了并且滥用会议注意力的人身上，来避免因缺乏活动或没有提供帮助而被批评。批评因此会集中在这个成员身上——我称之为"不变者"。在一个人人都渴望改变自己的组织里，不变者占有特殊的地位。如果这个人有能力采取偏执的行为模式，那么当他试图去为自己辩护的时候，会议就会进入螺旋式上升的敌对状态。在这种情况下，并不是某个人扮演了暴君的角色，而是某一个个体认同了受害者身份。

替罪羊无助地被推到舞台中央，成为那个站出来反对帮助，也浪费了别人提供的帮助的人。员工也会受到强烈的诱惑，想要加入这种批评的队伍中来，而且相信这是在为社区的目标而奋斗。这不难理解。我们将在本书更多的例子中看到这个要素。替罪羊一个人承担了所有的批评和虚耗机遇的指责（见图2.2d），这种行为可以达到在社区内形成制度的程度。诸如"不能使用团体"之类定义模糊的短语成为标准，还可能成为纪律自动制裁或开除的理由——这实际上是将背负着罪恶的替罪羊发配到荒野（例如，见示例10.1和示例16.1）。

从戏剧化的角度，我们看到替罪羊的"罪"在很大程度上其实是属于整个团体的。责任、指责、批评和暴虐，这些议题是全体或大多数成员或沉默地，或戏剧性地，在会议过程中呈现出来的。

反替罪羊

当一位员工带着专断的责任感卷入敌对的言行时，另一种变化就发生了。当他意识到针对不变者是徒劳的，并试图将讨论转入更有成效的通道时，他就面临一个问题——他成了员工暴政的化身（见图2.2e）。

示例2.2 反替罪羊

> 员工奥利弗感动地坦白，他曾被一位不变者激怒，以至于他觉得想叫她闭嘴。他非常小心翼翼地说了这一切，并解释说，他其实并没有叫她闭嘴，因为他不想伤害她。尽管他说得非常小心，也非常有人情味，但才用了几分钟，这位不变者马上就确信是奥利弗叫她闭嘴的。而稍后，奥利弗甚至因为不友善而被另一名员工斥责。
>
> 奥利弗的处境堪忧（见图2.2f）：他不仅没能为有担当的员工发声，还让自己完全陷入孤立、丧失信誉的境地，成为整个会议上敌意本身的化身。会议成员希望他能保持这种"有价值的服务"，其他员工也把他晾在一旁。可以说他落入类似于替罪羊的境地，但受罪方向相反。他不是备受斥责，而是变身为不近人情、谴责他人的法官。我们可以称之为"反替罪羊"——一个名誉扫地的法官。

会议在某种程度上回到了最初的敌对模式。病人们遭受到员工不近人情的批评。然而这里的情况更加复杂——特定的个体被确认，法官和替罪羊的角色被人格化，其他人（员工和病人）趁机安心地做了舒适的旁观者，其唯一功能是督促演员待在角色中。无论是对扮演法官的员工来说，还是对扮演替罪羊的病人而言，这是他在社区会议中可能遭遇到的最不愉快的经历之一。

展开的进程

我用图2.1和图2.2来显示会议中出现的各种经验教训。概括地说，分化过程是在两个原则的指导下展开的：（1）进程越来越集中在个体身上，最终制造了一个替罪羊似的罪魁祸首和其他人格化的角色；（2）争吵的内容越来越具体。公开地或隐蔽地，围绕着实现改变而展开的议题，变得越来越具体地与无能、缺陷、无助、拒绝改变或"不同"相关。人们对社区的工作能力产生怀疑。随着整个会议的戏剧化，问题出现了。个体迷失了自我，沦为戏剧人格化的元素。

在成功的诠释（见示例1.2）中，员工用自己在会议中的体验做了两件事——对工作的缺失感到遗憾，并认同成员希望得到温暖和舒适的愿望。所以，这个干预领会了潜在戏剧化的双方的体验——遗憾和希望得到安慰。后面我们将看到这种衔接两方干预的重要性。

总　结

在本章里，碰运气般的尝试得到吉凶难料的反应，这里有其自身的意义。这些反应是角色之间关系的活现——戏剧化。员工试着去理解，就必须把自己置于这个行动的背景之中，这样他才不至于被当下的情境所裹挟或者否认自己在其中的位置。这些戏剧化的关系中有其自身的复杂性和强烈的陷阱性质。他们展开大量的细节，使毫无戒备的会议成员、员工和病人都深陷其中。

第三章

无意识戏剧化的来源

现在我将提供一个连续三次的社区会议材料。在一个人们彼此熟悉的社区里，戏剧化的进程不断展开，其潜在的可能性是多样化的。在示例3.1所述的事件开始时，一则公告震惊了社区，这则公告使人们对精神疾病的治疗感到绝望。

活现的关系

会议开始时，这个令人震惊的消息在社区里引起了很大的骚动。我们将看到，员工和病人一样感到惊诧，用了几次会议才有所平复。出人意料的是这个消息首先让一位向来沉默寡言的"精神分裂症患者"说了一段非常混乱的话。这个示例展示了人们对混乱的挣扎被戏剧化了，其方式就是活现"与混乱的关系"。随后这种关系的特定形式发生了变化。

示例3.1　承受痛苦的社区

第一次会议开始时，有人宣布，员工宝琳患有抑郁症，已经在精神病医院入院治疗。

宝琳最近经常旷工，而且找各种各样的借口来搪塞。大家对这则消息的反应不一。有的人表现出一丝内疚和悲伤，有的人对先前的欺骗行为感到愤怒。

有点不协调的是，病人克里斯对宝琳曾经嘲笑另一个病人戴夫感到很生气。员工奎妮询问克里斯的感受。他很认真地说自己是20世纪苏族印第安人，被杀后在1942年重生了。这句话不容易懂。还有人需要听别人再转述一遍。随后他自己也对此进行了解释，他说他感到失落。这比较容易理解。大家有点三心二意地探讨着他感到失落和孤独的困难。但这种失落感中隐含着一丝绝望的气息。

在大家讨论克里斯议题的第一部分时，迟到的伊芙步入会议室。她一屁股坐在克里斯旁边的椅子上，急躁又霸道地加入了进来。她时而转移人们的注意力，时而为主题添彩。她问克里斯是否可以把他们的私人对话公之于众。他草率地答应了。于是她告诉我们克里斯说过，他已经有八年没有女人了，而且从那以后就在自慰了。这时，伊芙又抱怨起坐在她另一边的弗兰，弗兰正在抓挠自己。过了一会儿，她站起来挪到会议室的另一边，坐在加里的椅子扶手上说她无法忍受那抓挠声。在越来越难堪的氛围中，她接着询问克里斯的性习惯。所有这一切，使伊芙积聚了注意力，而克里斯再次黯然失色。可这本是克里斯在会议上的首次发言。

宝琳得抑郁症的消息扰动了会议。人们对会议应对病患精神错乱的能力产生了怀疑。在会议中，大家以戏剧化的方式探索了这个问题。在此特殊情况下，克里斯走到了前台。他以最疯狂最直接的方式表达绝望。实际上克里斯用精神分裂症式的语言说，在很长时间之后他觉得自己又活过来了（"显现"），至少在伊芙进入会议之前是这样的。

克里斯再次显现是因为他就是探索疯狂的契机。他在会议中的位置可以看成是用来表达与疯狂关系的不同观点。这些包括：（1）其不可理解性，（2）它带来羞耻感和疏离感，（3）对它的恐惧，（4）其特性是完全孤立的、个体性质的（如自慰）。

伊芙的戏剧性运用

会议以一种有趣的方式运行。大家继续用个体来表达共有的恐惧。但是关于疯狂的议题发生了变化：一个新个体崭露头角，表达新的戏剧化。

> 有些人敏锐地意识到克里斯正在被忽视（这让人联想到宝琳的不可接近和社区的无能为力）。
> 现在的问题是要如何应对伊芙。正如我们将要看到的，围绕会议主题：对于应对疯狂感到的绝望，出现了新的戏剧化。在会议上，伊芙讲述了她所使用的各种名字，每个名字都与她生活的不同方面有关。她倒空自己的手提包，并展示其中的每一个物件。躁狂的控制正成为一个越来越严重的问题，同时也代表着无法解决的疯狂。

通过戏剧化，问题得到不同方面的呈现：（1）社区有多大能力来应对疯狂？（宝琳不得不去另一家医院）；（2）如何保护社区中的其他人免受疯狂的侵蚀？（伊芙侵蚀了可怜的克里斯）；（3）社区如何应对疯狂的私密性和内在性（伊芙令人难堪地揭露了克里斯的性生活；实际上她也抖落自己手提包里的物件和她的身份）？

伊芙的行为激发问题，也发泄大家对社区的绝望和那种无能为力的感觉。换言之，社区无法容纳伊芙的人格，就像她的手提包无法容纳她的所有物一样，全都搂搂出来了。诱惑就是退行到"自慰"的幻想中去。

所有这些问题和令人绝望的答案都没有用语言表达出来。因为它们穿梭在戏剧化的关系中，所以大家只能通过直觉和深陷其中的体验来觉察它们。唯有置身于戏内，才能感受到戏外。那个消息的冲击力已经被赶到人们的觉知之外。

从长远来看，痛苦并未解除。找不到问题的症结，也无从面对，大家仍然受困于自己对社区的怀疑之中。

　　　　绝望主导了会议的进展。伊芙越来越成问题，大家的态度越来越强硬，对她说的话也越来越尖锐，并且试图让她闭嘴。她变得更加紧张，注意力涣散，还很专横。会议的主题变得飘忽不定。她在戏剧化中表现为一个绝望且无效的帮手。

这次会议结束了。人们依然被这个消息所带来的痛苦所淹没，而这种体验仍然迷失在戏剧化的角色和关系之中。然而，事情永远不会一成不变。跟随这个例子，我们将看到，要跟上事情发展的变化并非易事。

转　变

　　　　第二次会议就在第二天。会议开始时，病人有些沉默，然后病人哈莉特开始絮絮叨叨地抱怨精神崩溃后找工作的困难。她嘲笑挖苦一位社工鼓励她去申请一份先前的病人无法接受的工作。会议的主题转到了医生的角色上。人们期待的医生应该为病人安排好未来的雇主，并为他们决定应该做什么工作。员工理查德将这种退行引入正统医学模式中来，并表示希望有一个万无一失的医生，可以为病人做好一切安排。此外，这既是试图解决宝琳自己有过崩溃的问题，也是在尝试解决她是否还适合工作的问题：她能够按照病人感到他们需要的方式照护他们吗？

对这个表现没什么回应。大家就这样散漫地讨论着哈莉特找工作的议题。伊芙就在这个时候进来了。她又迟到了，坐在门边看报纸。过了一会儿，她评论哈莉特的问题令人沉闷乏味。会议的重心不可避免地又转向了伊芙。哈莉特在一种满意的不满中陷入了沉默。这使她看起来像个悲哀不幸的人，这个人本应获得比她实际得到的更好的回应。她直截了当的自我排除可以被看作被忽视者的表达：大家偏向了某些不那么值得关注的人（不仅有伊芙，还有宝琳，她被理查德的演绎再次推到前台）。

这与上次的会议大相径庭。哈莉特对事情的反应似乎比理查德的演绎更准确地展示了今天的氛围。他对昨天的会议进行了反思，但由于情绪在一夜之间发生了变化，所以这个演绎不再相关，也没有被采纳。当下的情绪不再是对疯狂和绝望的直接恐惧，而是自我被别人的无能或者不足所侵扰的不满。尤其是对理查德的不回应，更是将员工的胜任力不足表现得淋漓尽致。伊芙的登堂入室和哈莉特的完美消失，明显地戏剧化了被取代的感受。

一直没能用语言有效地诠释这个情绪。于是，会议一分为二。一些病人反对伊芙的疯狂霸场，试图阻止她。这是为了弥补员工的能力不足，他们没有做好控制疯狂的工作。

其他人则鼓励伊芙说话，并扰乱秩序。他们代表了对员工能力不足和病人失去权力的敌意愤慨。他们通过利用伊芙去攻击和破坏"员工的"社区会议来表达这些情绪。在会议接近尾声时，一些员工开始用语言表达愤怒。通过伊芙的破坏性作为媒介进行戏剧化的表达，他们演绎了关于社区价值的冲突。

这种分裂在团体过程中的详细意义是很重要的，我们将在第17章中详加探讨。本周初那条新闻所引发的扰动最初是潜藏的，到第二次会议结束时开始浮出水面。那个时候一些员工就已经能够用语言表达并且面对这严重的敌意和不满了。

言语化

第三次会议代表这个局势的进一步动态。社区的讨论朝着言语化和更加现实的那一端迈进了一步。

第三次会议开始时会场鸦雀无声，直到一位员工莎拉稍晚了一点儿进入会场，沉默才被打破。伊恩对这个戏剧性的入场表示赞赏，他说她是一个当之无愧的演员。事实上，伊恩是一位演员，他刚刚入院。理查德评论说伊恩是想让大家了解他自己进入社区的情况。于是伊恩开始滔滔不绝地讲述他的母亲。母亲对他而言是个负担，并在情感上勒索他。

这引起了伊恩和病人简之间的讨论，主要是关于交朋友的渴望和对陪伴的需要或抗拒。话题转移到工作问题上，然后转到不工作的愧疚感。病人肯否认这种愧疚感，并提出了对无理指责的申诉（这是他处理愧疚性自责的模式）。

这次讨论试图理解对当下进行任何常规无新意活动的无望感。会议随时准备陷入熟悉的迫害性批评，但这次通过成功的诠释避免了这种情况。

残缺的父母和残缺的关系

某员工提出有一位特殊的访客出席了当天的会议。他是一位医生，正在申请本院一个空缺的顾问医生的职位。在讨论工作问题时，有人指出，这位申请人之所以参会是因为他想在这里工作。

现在这位访客受到了短暂的关注。但病人劳里反对说，会议的主题已经被弄丢了。然而丢失的主题实际上仍然存在——就是与一位患病医生的工作关系。病人和员工之间的任何工作关系都特别难以被承认。这一点在理查德和莎拉的一系列演绎中得到了阐述，他们明显合作得很好。他们将目前在医院里的体验说成是一种负担。这包括生病的医生宝琳，就像伊恩那个被当成累赘并勒索她的母亲一样，而空缺的顾问医生的职位则是一个被忽视和缺席的父亲形象。

上一次会议和以前会议的材料被纳入讨论，现在讨论范围扩大到了更多的人。哈莉特的工作问题以一种更生动的方式被重新讨论，然后是是否要隐瞒或面对崩溃和疯狂的问题。最终，会议回到了考虑宝琳在崩溃后再回到医院时的异常角色定位，她现在一半是病人，一半是工作人员。在会议的背景下，她体现了员工和病人之间或同一个人的健康和不健康部分之间的生动关系。

良性循环的运作提高了团体的士气，也增强了大家关注令人担忧的情况的能力。在第二次会议结束时，员工们齐心协力共同努力的能力使社区充满了热情，社区最终做出了回应。这反过来又让员工重新振作起来。会议终于开始用语言表达，更加开诚布公地讨论宝琳事件的意义。

在这种情况下，使用诠释来揭示关于父母关系的某些个人幻想，只有当它触及当时会议中实际上演的关系的戏剧化时才有意义。

总 结

这个社区展示了其令人印象深刻的戏剧化资源。在克里斯、伊芙和社区其他成员之间，一系列对疯狂的态度和与疯狂的关系在第一次会议中以戏剧化的方式上演了。克里斯以某种方式从他个人完全沉默的放逐中被吸引过来，表现出疯狂的一面。然后，伊芙以疯狂且不可控的化身，坚定地接管了局面。

第二次会议发生了变化，哈莉特站了出来，成为一个新的戏剧化的角色。她代表了一种向确认的痛苦的转变，这种痛苦就像一件不透光的斗篷围绕着她。最后，通过与整个社区的态度相联系，斗篷的一角可以被揭开。这一发展延续到第三次会议。

最令人印象深刻的，也许是第三次会议。这一次，行动是由一个新来的人实施的——他是一个演员，这一点并不是没有意义的。通过他与简的对话，他的入场被塑造成了符合社区的需要，即需要讨论社区目前的负担和社区对想象状态中的医院的绝望。

在戏剧化的关系中分配的角色是非常多样且多变的。在一群人中，有强大的资源可以招募到这些角色。本章的示例描述了许多不同的人被带入角色，反过来他们也是最适合扮演当时所需态度和关系的人。

第二部分

个体的内在社区

第四章

内在社区

这个社区是由一系列个体心智构成的。在第二部分，我提出要去解决个体心智在社区中的位置这个难题。到目前为止，我把社区作为一个整体在考虑它的特征，现在我要回到个体自身的经验上。为了达到这个目的我引用了精神分析的发现。我首先会区分个体的"内在世界"和社区的"外在世界"。

潜意识与移情关系

精神分析有两个关键的概念——潜意识和移情。"潜意识"是一个特殊的存在。尽管自己并不知道，但潜意识仍对一个人的生活、发展以及和其他人的重要关系有着动态的影响。潜意识不仅仅是一个精神垃圾桶，用来储存精神垃圾，潜意识的内容在一个人生活的最深层方面也异常活跃——只是他不了解而已。潜意识这个概念难以捉摸却又很普遍。自弗洛伊德以来，由于对人类认知的剧烈变化，人们已经熟悉了这样一个观念，即人生中存在一种自己并不知道的影响，但是从个人感知上去了解这个影响到底是什么还很难。

梦便是通往其中的一个途径。从出现人类开始，人们就对梦很感兴趣，认为梦蕴含着某种意识层面还不清楚的知识，通常认为这是关于未来的知识。与之相反，弗洛伊德指出其中确实存在潜意识的知识，但这些是基于过去的记忆，它们是对于童年时期极端痛苦的经历、感受或冲动的记忆。在梦中，这些记忆高度伪装，和梦者当前日常生活中的事件混杂。然而，弗洛伊德认为在每个梦中都能找到隐藏的意义，这些意义来自潜意识中过往的痛苦。

这些痛苦的记忆不仅用伪装的形式回到梦中，它们也不经意地出现在一个人的日常生活、态度、关系、偏好和偏见，以及他的心理症状中。

当潜意识侵入当下的生活状况中时，这就导致了"移情"。这是一个充满了不恰当感受的不恰当关系，它扭曲了理性和有意识的动机和想法。这些入侵是非常潜意识的——这是它们的标志。然而当事人会有力地辩护它们在意识层面的合理性。"催眠后暗示"正是一个对潜意识的实验范例。催眠状态中，催眠师给予被催眠者暗示，要求他在催眠觉醒后做出某些反应，被催眠者在催眠觉醒后响应这个暗示，却不知道自己为什么要这么做。

而移情关系在另一个时间和另一个人身上就会是一个恰当的关系。它往往是来自另一个发展阶段的关系——童年的某个时期——和父母一方。

当一个人进入精神分析时，他开始把分析师当成一个"客体"，并把他放到符合他自己人格的各种位置和角色上。分析师仿佛融入了一个模板，病人通过这个模板检验他世界中的人。除了用语言表达出来，分析师很少做其他的事情去打扰这个过程。当分析师开始分析会使用玩具的孩子时，会注意到玩具摆放的位置以及相互的关系。对这些玩具的使用，密切呼应成年病人把他们的分析师放置于不同的位置和关系。

移情侵入社区中

我认为在社区中以及在社区会议中人们把彼此放置于不同角色和关系中的做法，完全符合成人或儿童精神分析中对"客体"的潜意识放置。情绪戏剧化对社区会议的侵入，完全符合精神分析中移情的侵入。戏剧化就是社区层面的移情。

通过这三个概念——潜意识、移情和戏剧化——个体和社区可以发生关联。

外在和内在世界的交织

弗洛伊德（1914）描述了忆起个人过去经历的两种形式：（1）可以用语言表达的意识层面的记忆；（2）对过去的重演——重复关系模式的潜意识冲动。

一个人的过往通过他心中"旧的"关系得以在现在重生。它们类似于幻想，尽管是潜意识的幻想，它们构成了人心智中神秘的内在世界——过往没有被抛下。

潜意识剧本

一个有问题的关系隐藏在个体中这样一个概念，可以极大地帮助我们理解社区中的生活。通过精神分析发现的潜意识幻想中的一个迫害、敌意和可疑的关系，对应上述的社区戏剧化，尤其是第二章提到的那些。在接下来的示例中，我们从个体内在世界的角度去看社区的外在世界。

示例4.1 被迫害的受害者

在一个社区会议中，埃伦从对社区事务讨论的领导者，变成了受到无端攻击的可怜受害者。当时她待在小住院部，回来给两个日间病人——而非住院病人——送晚饭。这些日间病人本来没有资格吃晚饭，所以埃伦被负责住院部的夜班护士"攻击"了。

显然她又被苏珊——第二天早上的负责护士——指责了。苏珊也在会议中，她讲述了另一个没那么残酷的事件版本。

似乎埃伦不清楚这些规定，因为她刚刚在这个住院部待了两天。埃伦承担了被不公平谴责的无辜受害者的角色。她不停地哭泣，恳求苏珊不要批评她。对于苏珊来说，是有必要给埃伦解释晚饭规定的。但是对于苏珊说的所有话，埃伦都当成了猛烈的批评，而她回以受伤和哭泣。

面对埃伦受到折磨的回应，会议积攒了更多能量，现在发展出了对于夜班护士的充满正义感的愤怒。大家认为她太神经质，不能胜任她的工作。埃伦还是受伤地流着泪，看起来很难去关注她自己在这些事上的角色。

她有没有用一种受虐的方式来吸引攻击？当时她确实在遭受来自苏珊的攻击，她认为是持续的。埃伦巧妙地阻止了任何去检查她可能主动选择受害者角色的尝试——从社区中退缩到自己的哭泣中——仿佛整个会议都是在进行同样的攻击。最终一个明显不耐烦的成员"满足"了埃伦，承担了尖锐的审问者的角色，而会议分裂成了支持她和反对她的两极。

埃伦感受到了令人心寒的恶意指控和谴责。但这个感受和其他人对事情经过的体验大相径庭。埃伦的版本来自她自己内在世界的体验，在那儿她会很容易受到内在迫害感的折磨。通过把这种良知外化、破坏它来抵消这种良知。

现实的外部关系世界往往会提供很有说服力的理由。这个示例展示了一个内在的"坏良知"是如何通过引入外部参与者而被掩盖的。这些情境的内在源头被否认，而被归因于外部刺激，这样可以获得外部支持从而去败坏那个迫害者。

这并不是否认她有时候能够很好地适应外部社区环境。在这个示例的会议中，她有效地带领了一场关于重要社区问题的讨论。她的领导力潜质也帮助她把自己的内在关系（控诉性迫害）在会议的外部关系世界中戏剧化地展现出来。

在这个示例的结尾，埃伦在会议的外部世界中确实被一个真实的残酷批评者所折磨，但这也变成了掩藏她潜意识内在世界剧本的屏风。

活在潜意识中时，这些非常有力的影响只能在神秘的梦境中或者通过挥之不去的不理智和不可言状的情绪体验到。与内在"客体"（比如埃伦的迫害者）的关系是强有力的焦虑来源，这些焦虑来源要远比外在现实中的来源强大。

被忽视的外在世界

在下一个示例中，病人无法去解决和她儿子之间急迫的外在关系问题，因为她太沉浸于将她的内在世界关系呈现到外在世界中。她也同样有一个破坏性和指责性的良知，这个良知由于她做母亲的失败而迫害着她。

示例 4.2　母亲的懊恼

埃斯特在周五的会议临近结束的时候来了。她明显很难受，脸皱在一起就像马上要哭的小孩。注意力马上转到了她身上。她7岁的儿子在那个周末要去一个寄宿学校，因为埃斯特不能照顾他。当她来医院时，儿子待在她姐妹家。埃斯特当天早上去看儿子时，正巧碰上她姐妹正在生气地打他。原来，他被带去牙医那里，但他拒绝治牙（以前他曾经在医院做过很多声带膜的手术）。埃斯特自己带他回到牙医那里，尽管他挣扎，他们还是把他按住了。当回到她姐妹家时，因为儿子的恶劣行为，埃斯特遭受到了攻击：她姐妹把这个归因于埃斯特不称职的养育。这个之后发展为关于埃斯特是否周日应该和儿子一起去学校的争论。她的姐姐表示反对。埃斯特痛苦地抱怨她受到的关于育儿的批评。她后来又遇到了一个朋友，在她告诉我们这些时她的压力也在攀升。她和朋友也出现了相似的争论，朋友也指责了埃斯特的育儿并且反对她周日和儿子一起去。埃斯特感觉特别委屈，因为这个朋友也是一个精神科病人，也经历了作为母亲的痛苦。

参会者一开始很感兴趣，逐渐越来越同情埃斯特，最终替她感到愤慨和生气。这些反复出现的残酷批评太过分了。参会者还给出了关于如何去反击，以及如何保护她的育儿权力的建议，然而埃斯特似乎对这些建议滴水不进，无法去思考周日应该采取什么实际行动。她继续讲述，参会者针对她姐妹和朋友的做法变得越来越愤愤不平，而把儿子对母亲的需求问题置于一旁。

在这个示例中，埃斯特困在与一个残忍指责者的伤害关系中，这个指责者先是化身为她的姐妹，后来又化身为她的朋友。她忘记了更重要的事情——她儿子在第一次离家去学校时的需求。在埃斯特沉浸于被指责和被迫害的痛苦中时，就忽视了照顾外在世界。因为如此沉浸于她的内在伤痛，她实际上进一步忽视了她的儿子。这里很重要的是要看到，虽然埃斯特看起来是在重现与外在世界（她的姐妹、朋友以及会议）的关联，但她这么做仅仅因为它们触碰到了她的内在痛苦和她的自我谴责。

内在关系的其他现实

使用外在世界来戏剧化呈现内在世界的结果是对内在世界存在的否认，同时也会忽略外在世界。

内在关系会让外在关系变得特殊和个人化。对情人的迷恋是一个诗意的奥秘，而它的不现实性往往很快会显现。孩子在夜晚的恐惧也是完全来源于内在。

斯温森对一个心理治疗病房的住院病人表达了同样的观点，指出其中一个病人"试图把她的内在世界强加在外在世界的人际关系中……与护士上演了一段主人与奴隶的关系……在第二个案例中，病人自己扮演被殴打、被虐待、被奚落的穷苦女孩，活现了与自以为是、虐待和嘲讽的守卫之间的关系"（Swenson，1986，p.158）。

内在世界有强大的情感流动于其中，它就像曲面镜一样，通过它瞥见外在世界却意识不到来自内在的影响。这是一个充满了活跃影响力的世界，一个几乎没有被意识到的充满被爱和被恨人物（精神分析师称之为好或坏"客体"）的世界。比如类似埃斯特的良知中的这些人物，被无意识地认为是完全真实的，在这些案例中也看到它们遮盖了外部关系的真实问题。

这些"客体"是梦和幻想的内容，而这些梦和幻想也基于内在客体的各种主动或被动的影响。客体在一个人心中被保护或被驱逐；它入侵自我，或悄悄溜走；它忍受，或报复。它可能受伤或损坏；它可能死亡或碎片化，留下一些痕迹来不断提醒不可挽回的损失。

"好客体"

有一些幻想涉及的客体能够赋予一种好的感觉、光芒或者力量，让人内心感觉到被接纳。而它的丧失会导致一个人完全崩溃，感觉根基从世界剥落。一个人会感觉到整个存在的条件、人生以及身体都被这些关于内在"好客体"的幻想的起伏所牵绊。如果这个美妙的客体丧失、死亡或破碎了，那么整个内在世界就都感到死亡或破碎；然后扩散到感觉外在世界也变成了这样。"承受痛苦的社区"（见示例3.1）发现有一个病态的医生，而他激起了精神病性程度的内在危机。这个社区代表了一种世界，当它丧失了一个特殊"客体"时，这个世界崩溃了。

"坏客体"

在另一些幻想中，有一个特别的"坏客体"在内在世界中游荡。有时候它的表现是一个信念，觉得身体里有疾病、癌症或疼痛。或者它可能被体验为一个非常残忍的良知。这个坏客体让人感到它唯一的目的就是伤害和毁灭。这样就会激发极度的恐惧，担心这个人或他的美好客体被坏客体伤害、杀死、致残或者肢解。

精神分析师小心翼翼地去描绘病人亲身经历的这些冷酷的信念，而这些信念也阴郁地笼罩在社区头上。社区中任何与这些邪恶幻想类似的事情都会迅速激发这个人的阴暗和悲观。

体验的社区

对于每个成员来说，社区本身就是一个体验的个人世界。个体的噩梦会在社区场所中展现。内在和外在的安全感，也很大程度上依赖于社区的条件。一个看起来受损、迷失或者分裂的社区，也会触发对不安全的"内在客体"的恐惧。埃伦心中严厉的批评者突然以住院部护士的形式出现。此刻社区在现实中变成了一个有邪恶力量威胁她的地方，就像她的内在世界一样。

在其他时候，当社区被看作内在现实中的"好客体"时，社区也会激发一些焦虑。在示例2.1中，比尔感觉到一个加剧的欲望要去保持社区的整洁、干净和有序。他害怕那些入侵的"坏客体"，就是那些把社区弄得肮脏、不整洁的其他病人。比尔必须凭借一己之力把他自己和团体从一个令人绝望的境地拉回来。

全能感

在这个示例中，比尔向他认识的第一个工作人员求助，以帮助他完成这项庞大的任务。这个任务之所以变得这么庞大，是因为他内心在运作的幻想就是那么庞大。这个幻想的大小很重要。虽然每个人心中都会出现令人痛苦的幻想，有些人特别容易过于焦虑。这来源于一个信念，感到内在世界严重地受到威胁。而把一个受损严重的东西复原，这样的任务看起来同样极其艰巨，而他感到非常无助。无助感自身又被深深放大，因为感觉到失去了全能的（好）客体来支持他。可能有几种不同的态度用来缓解无能感。一是去否认一切责任，处于冷漠的状态，认为是其他人的责任；二是把无能感转化成一幕谴责剧，去质疑谴责者，从而排除个体自身的责任。而实际团体的大小也凸显了这个任务的大小规模。

由于这个任务看起来远超病人能力，所以他只得寻求帮助。然而他暗暗地觉得这个任务超出了人类能力的总和——大部分病人相信这样——只有一些全能的东西或人能够解决这个看起来不可能的任务。因此，他在寻求一个全能的社区。他要求社区能够提供可能只有天堂（见示例5.4）才能提供的神话。

治疗性的社区不是全能的——尽管有时候有人会夸张地宣称如此。显然这样的说法直接源于相信它存在的需要（就像精神科治疗中有时候出现的医学奇迹一样）。如果全能的东西不存在，那么就像上帝一样，这个东西一定会被创造出来。

没有一个社区能够一直像成员期望的那样持续有效。期望最终必然会破灭。病人们会立即感到绝望和恐惧，想要留住社区，继续团结在一起。在治疗性的社区中，病人们不可避免地会这样做。

迫害和内疚

我聚焦于绝望上，因为正是绝望让病人来寻求帮助。它来源于对破坏性客体和感受的幻想；而这些幻想和"好客体"的丧失、死亡或碎片化紧密相关。愤怒、仇恨和嫉妒也会产生，但我认为工作人员经常过度地把这些情绪归因于病人；而病人也互相归因或者归因于工作人员。绝望却可能没有被足够认识到。

之所以绝望没有被清晰地认识到或讨论到而愤怒被过度强调，是有原因的。当一个病人导致某个工作人员感到绝望时，意味着他做了某些让工作人员感到痛苦的事情。而工作人员往往认为病人是主动引发伤害，并将此解读为病人有伤害意愿。本来是绝望，现在被看作敌意行为。这样一个错误解读不可避免地引发反敌意，可能还非常猛烈。病人就会感到被误解了，或者觉得工作人员就像病人自己一样无法承受这个绝望。他会突然感觉到很失望。这两个人继而引发一系列逐渐升级的事件，就像第一章和第二章展示的那样。

这些绝望的幻想中的确潜伏着攻击性。然而，工作人员需要第一时间去理解病人当时传递的绝望。因为病人感觉到了绝望（往往因为被迫进入戏剧化而被迫感觉到绝望），他们期望工作人员也感觉到绝望。他必须从正确的地方开始，也就是他的个人情感所在之地。

也就是说，进一步去思考潜藏的攻击性幻想非常重要。内在与客

体的攻击性关系有两种特别的形式。我们看到，当他们在一个特定的
人物领导下以及在社区中某个特定的事件下被戏剧化时，这些关系就
可能以外在关系形式呈现出来。

1. 偏执分裂位置

第一种形式是一个高度偏执状态，病人在这个状态中存在恐惧，
担心某个邪恶的存在（可能是在病人内部或者外部）有伤害、攻击、
粉碎或毁灭病人的动机。这样的幻想在日常生活中是以比较轻微的
形式出现，比如偏见、莫名的恼火，有时候会呈现为精神病性的阴
谋妄想等精神障碍。如果认为"坏"客体是在病人内部，病人就有
可能把它设想成一个致命疾病——癌症就是一个典型代表——因为
现实给这种幻想提供了一个很便利的钩子。这种原始的被迫害焦虑，
应该被视为人出生后痛苦经历的最早形态。伴随个体逐渐真实地意
识到现实世界中的危险，这些幻想被逐渐地修正，个体走向了成熟。

2. 抑郁位置

第二种攻击性客体关系形式的特点是悲伤或者内疚。在这种情况
下个体会相信"坏"客体有动机要去伤害、损坏、杀死或者粉碎
"好"客体（或个体所爱的人）。一个人为客体或者他爱的人而担惊受
怕，仿佛他的生命依附于那个客体。为好客体的担惊受怕代替了为自
己的担忧和恐惧。由于客体可能会受伤或死亡，对好客体的渴望令他
深感对被爱的人的状况负有重大责任，而这形成了内疚感和懊悔感的
核心。继而这会导致病人有强烈的冲动要去修复损伤，或者重建生
活，而且经常带着无望感。

这两种客体关系由特定的攻击幻想组成——一种导致为自己的担
忧恐惧，另一种导致为爱的人（"好"客体）如此。迫害或内疚源于

在和"坏"客体的攻击性关系中，两种不同的自我结构。它们被称为位置——偏执分裂位置和抑郁位置，由梅兰妮·克莱因命名（Segal，1973）。

其中的第二种位置（抑郁位置）的感受特征基调是内疚和责任感，是在人类婴儿的发展后期出现的。内疚感和责任感是人类通过修复冲动，挣扎着通往爱、奉献和责任等建设性努力的最根本的基础。通常在发展过程中，迫害和内疚的显著混合经常会出现，贯穿人生，而进一步引发更加惩罚性和牺牲性的内疚体验。某种东西被损害的体验会和对个人自身的伤害性惩罚混合在一起。尽管这两种位置是有明显区别的，但在实践中在这些位置上的体验是一条连续光谱，从纯粹的偏执恐惧，到担心可怕的惩罚，再到可以补偿的内疚。

埃伦和比尔

埃伦（见示例4.1）展示了为自体的恐惧——也就是偏执分裂位置。而比尔（见示例2.1）展示了为好客体也就是社区的担忧恐惧。

我指出了当病人实际上试图表达绝望时，工作人员很容易感受到被攻击。这个工作人员被暂时抛到了偏执分裂位置。外在现实被内心幻想扭曲。由于病人导致了工作人员的痛苦，因此病人被感知为一个残酷的客体，认为他刻意引发了痛苦。不幸的是，这种容易发生的被迫害感很熟悉，在"正常"人中也可以轻易唤起。病人是在让人发疯的强度下体验到这些幻想。这种体验让人感到绝望，不可逃脱和无法控制。

我们会理解，一个为了去面对痛苦的事情而存在的社区经常会被体验成有邪恶动机的客体：它因为一些残忍的原因故意去制造那种痛苦。社区中的某一部分可能会被分离出来作为那个"坏客体"，就像埃伦和比尔的例子中那样。

报复性自我防御可能会制造出心爱的社区在遭受一些有问题的成员的恶意攻击的景象。在这个时候，其他人出于敏锐而悲痛的幻想，可能会有社区正在被破坏或被扼杀的深切感受。这会导致出现英雄般的抑或是绝望的努力去保护社区。

一个无效的社区

当一个社区的功能出现问题时会引发强烈的情绪。有人可能会觉得社区在经受残忍的破坏性攻击。这种社区失败的感觉离那种充满希望的全能感相去甚远。那种本应该能够爱、珍惜和重建的社区好像残疾了一样。这种破坏性的攻击经常在讨论中被认为来自外部世界。大部分成员对于针对社区的批评都十分敏感——太脏、组织混乱、太贵……例如，像国民医疗服务体系（NHS）的行政人员等外部人员可能看起来过于热忱地要去怀疑治疗性社区的价值。从很大程度来讲，这是成员内部关系的外化。

有时候会发生特别恶性的情形，而对这种情形的投射看起来正好符合外部的权威。在这种情况下，社区以及外部人员可能都会，潜意识地，去实现社区的终结——真正重大的戏剧化（Baron，1984）。社区成员则由于这些"便利"的外在关系的掩盖而对他们的内在关系视而不见。

修　复

出于悲伤或内疚，人们可能会迸发其他幻想，从而引发一些行动试图去保护社区、整顿社区。同样地，修复社区也是一种外化——基于要修复内在世界和客体的隐藏的内在幻想。

尽管感到绝望，但实际执行的外部行动有可能会成功。而这样就会有一个真正的机会来形成一个内射的基础，在成员的内在世界里来构建一个修复好的客体。

当这些修复的尝试无法满足全能感的需求，成员就会发现这些努力普通又有限，这时，别的幻想就会产生。绝望愈加渗入社区的缝隙中。抑郁防御可能就会发生，就像哈莉特在苦难的社区示例中的角色那样（见示例3.1）。退回到悲哀而冷漠的自我怜悯状态会吸引别人关注自己的苦难——从而分散对苦难的好客体（社区）的注意力。内疚和责任感就可以被暂时地逃避。

破　碎

对自体或对珍贵客体的破坏的恐惧，经常是以相信客体已经破碎了的形式出现。毁灭的彻底程度使得修复似乎是个不可能完成的任务。绝望拥有一个特别坚韧的特质。这种幻想过程的重要性，以及它与治疗性社区中重症病人的相关性，在下面的段落中有所体现：

> 被毁灭的焦虑一直活跃。在我看来，缺乏内聚力，又在这个威胁的压力下，自我就倾向于分裂成碎片。这种分裂成碎片似乎是精神分裂患者崩溃状态的基础……早期自我将客体和与客体的关系积极地分裂，这可能意味着对自我本身的积极的分裂……我认为被内部破坏性力量毁灭的原始焦虑，以及自我对碎片化或者分裂本身的特定反应，可能在所有精神分裂症的发展过程中都异常重要（Klein，1946，p.5）。

这段节选自一篇重要文献，是关于紊乱人格中分裂过程的重要性。与团体的工作似乎表明，这些过程在问题人格组成的团体中动力更加明显，团体成员特别容易感受到"被一种内部的破坏力量毁灭"。

本书中会收集大量的证据来表明，对因碎片化而被毁灭的恐惧是一个社区生活的核心，也是对社区生活感受的核心，而这些感受也触及个人关于自体的内在幻想。

总　结

上述的防御是在团体层面运行的，但也与参与者的个人体验相关。对个人的精神分析发现，在人格基础中的一些特定种类的"原始"幻想会引发不切实际的焦虑、恐惧和内疚。这种幻想似乎在社区动力中尤为明显。从外面看起来，它们似乎不切实际，但它们对于相关的个体来说有不可抗拒的真实性。它们的真实感来自个体内在世界里对各种"客体"的体验。一个人精神越紊乱，他就越感觉自己的内在世界很脆弱和备受威胁。

这些根植于人格中的幻想，是把无法忍受的感受通过戏剧化外化出来的原因。一个社区中的成员会合力共同表达他们噩梦般的个人世界，以及表达他们逃避自己世界的努力。

第五章

戏剧化和防御机制

第四章的示例展示了个体如何在一个戏剧化中被分配角色。再加上社区的模式要求他占据的位置，这就形成了个体的体验。

本章会继续发展从上一章就开始探讨的精神分析框架。这里有必要审视一下社区现象和个人体验之间的联系。

治疗性社区源自早期的精神分析思想（Main，1977），但自从20世纪40年代那些早期阶段以后，近代的精神分析发展略过了治疗性社区。我在这本书里讨论的方法，是将治疗性社区重新连接到精神分析概念——然而是20世纪下半叶发展的那些概念。在一篇更早的文章里（Hinshelwood，1972），我概述了这个精神分析框架。

在这里我将从本书第一部分看到的那些现象出发。这个出发点涉及精神分析概念中的防御机制，我们将讨论在社区动力中的防御机制。

心理防御机制

乔·伯克在写关于他自己的社区——"凉亭危机中心"时，说来访者"经常使用投射性和内射性认同机制来表达和戏剧化他们的痛苦……治疗师必须要对这些非语言交流非常敏感"（Berke，1982）。

他描述这些成员戏剧化他们的痛苦，进而将活现的、非语言渠道的沟通和社区中言语的生活区别看待。这是两种不同层面且共同存在的联系，它们对应于第二章讨论的维度支柱。

投射性和内射性认同是人格中核心的心理防御机制，是戏剧化过程的基础机制。心理防御机制是人类大脑用来躲避自我觉察的技巧。投射性和内射性认同是社区的团体过程，同时也涉及个人认同的体验。这些特定的防御是戏剧化的必要部分；或反过来说，戏剧化是这些防御机制在社区层面的展现。社区和个人被这些认同过程联系在一起。

在这一章里我会描述和展示在人的心智中运作的基本防御机制。它们包括投射性和内射性认同。另外还有其他两个——分裂和理想化。我先从分裂开始。

分　裂

示例5.1　从角色中分裂

在医院开放日之后的一个会议中，护士罗斯玛丽复印了一本对医院外发售的杂志。里面有两篇讽刺性文章，两篇都无情地嘲讽了罗斯玛丽——也嘲讽了其他人。她对这种东西居然公开发售很愤怒，而且也觉得不好笑。她在医院里公开支持关于某些事情之前的规则，认为现有的规则不对。她当时很直接且毫无保留地表达了对事情应该怎么样发展的看法。尽管出于好意，她的方式还是让人觉得很压抑。大家都知道她确实有点儿僵化，病人和员工也不喜欢她这一点。那次的员工会议也讨论了她对诽谤、审查以及出版自由（编辑曾经是个病人）的抗议，在这些方面她和其他人意见很不同。

员工会议的结论是在杂志里或许有也或许没有某种程度的诽谤，但要提醒编辑注意到这种可能性。这个任务自然需要一些灵活性和公关手段，然而会议选择让罗斯玛丽自己去向编辑传递这个微妙的信息。毫无疑问，由于她的僵化和压迫感，以及在这件事上的不悦，这最终一定是加强了她僵化和压迫性的名声。

在这个时候，员工分裂成了两派，一派倡导新的宽松、自由的治疗性社区的方式，另一派坚持旧有的更严格的、家长式的方式。这种分裂在罗斯玛丽和员工会议的其他成员之间的裂痕中更明显了。

护理的分裂形式

一旦确立，员工内部的意见就形成了两极化并强加在不同角色的个体身上。在占大多数的这一边，他们觉得自己对病人更宽容和更友好是正确的，任何不愉快都是朝向罗斯玛丽的。而另一方，罗斯玛丽觉得自己保持高标准是正确的，同时把所有问题归因于对方的懒散。

分裂的优势在于它让双方都觉得自己完全合理。双方都是防御的，因为另一方总是错的。这种分裂通过角色分配来人格化社区的分裂，进一步变得戏剧化。这样导致的结果是真实而明智的宽容自由度受到了影响。坚定的善意被剥夺了，取而代之的是分裂成要么是僵化严苛，要么是懒散马虎的两极。而这两个都不是有价值的态度。

两极化的角色

这种特定的分裂并没有就此停止。接下来的示例也涉及罗斯玛丽，而且是发生在同一周内。我们能看到罗斯玛丽如何在没有任何有意意图的情况下，再一次被特别挑选出来，去执行在这种分裂关系的戏剧化中的某个特定角色。

示例5.2 孩子的隐形眼镜

两天后在另一个员工会议中，罗斯玛丽报告了她如何协助了一位病人黛安娜三岁半的女儿——当时她们正好需要帮忙取下隐形眼镜。摘掉隐形眼镜这个事件对三个人（母亲、孩子和护士罗斯玛丽）来说都是一个创伤事件。罗斯玛丽向员工会议抱怨：为了孩子着想，这种事就不应该发生。

会议关于这个故事的一些点进行了很多讨论。责任被反复地推向不同方向，最终会议达成了一致结论：应该鼓励母亲回去向配隐形眼镜的眼科医生求助。大家都赞同罗斯玛丽不应该继续给母亲协助，这样才能促使母亲向眼科医生求助。然后问题来了：谁应该去跟黛安娜谈？因为告诉黛安娜她不能够继续把责任推给护士，意味着她就要承担更多母亲的责任。除非用一种很隐晦的方式告诉她，否则黛安娜可能会感到被拒绝。就像示例5.1一样，这件事情看起来最差的方式去解决了——尽管当时似乎没有人意识到。罗斯玛丽再一次被要求替员工去干这个"脏活"，去告诉病人这个令人不悦的决定。再没有比这更巧妙的设计，能够进一步恶化罗斯玛丽爱拒绝、不敏感和爱压迫他人的名声了。

再一次，一个本来积极的情况被戏剧化，而罗斯玛丽成为替罪羊。工作人员团队分裂了，态度高度两极化。大部分成员的典型模式是："我们是病人的朋友，我们对他们不能做残酷的事情——旧的管理体制残酷且不友好。"另一边（以罗斯玛丽为代表）的戏剧化是："这些新的想法很软弱，某个人必须去面对残酷的现实——必须要有人来说出事情的真相。"

分裂成夸张的立场令每个人都感觉到自己的立场纯洁无瑕——即使当有脏活需要做的时候。而坏事的责任永远属于对立的另一边。这个示例明确地展示了把责任推卸到别处的问题。

这是一个由社区团体共同组织起来的心理防御，用来满足其中个体的利益。

投 射

分裂经常和投射的防御机制联系在一起。这里的示例展示了我们讨论过的那些发展演变过程，在这些过程中用某种方式把某个东西从一个团体（或一个人）转移到另一个团体，而被转移的团体就失去了它自己真正的特征。"什么被转移了"这个问题很重要，因为它是一段被重新安置的个人体验。最终的结果是这个人能够在意识层面觉察到他的这种体验在被另一个人体验。在这个示例中，被转移的体验是破碎的、痛苦的贫乏感——就像第一章里提到的"出了问题的会议"（见示例1.1）中及会议后的那种体验。下面这个示例就涉及这样一种会议后的员工讨论。

示例5.3 集体投射

在一个充满张力的社区会议后，紧接着的一场半小时的员工会议从一开始就士气低落。大概有5分钟左右，几个单独的小会似乎在同时进行，每一个都显得很热烈、振奋人心和让人投入。每个人都从屋子中间的一个桌子上倒咖啡，现场有很多走动。气氛非常混乱和紧张。在倒咖啡的过程中，团队中的一个成员罗斯不得不去厨房再拿一些牛奶。回来的时候，她抱怨厨房的员工不体贴并且很杂乱！然后希拉想了想说最近已经不是第一次这样了。希尔玛说她知道厨房其中一个员工这周末会离开。这时，员工会议的性质完全变了，对这个话题产生了一致的关注。大家开始真诚地讨论厨房出了什么问题。紧接着有人建议行政主管（厨房员工的负责人）应该被叫来参加会议，这样有利于讨论。大家很快且很坚定地同意了，其中一个人被派去邀请他。此时的团体运作极其高效。大家分别讨论了可能困扰厨房员工的困难和压力，也提出了可行的解决方案。行政主管到了。实际上他已经主动了解过厨房员工的困扰，也明确知道厨房员工的情绪。大家发现员工会议反复讨论的解释完全是猜测，大部分都不对。似乎厨房里不太可能有什么事情出了严重"问题"。然而，员工会议的热情没有过多受此影响，持续不断地提出有用的解决方案。几乎没有人注意到它们是针对并不存在的问题的解决方案。

在这个示例中有几个重要的特征需要注意：（1）从混乱无组织的活动突然转向每个人都积极参与的凝聚性的团体讨论；（2）发现了另一个团体有问题——不是员工会议自身也不是之前的社区会议；（3）全神贯注地关心另一个团体，而这个团体超出了员工会议的职责范围；（4）现实最终呈现的时候，会议却对其丝毫不关注。

团体共同处理了成员在之前社区会议中刚刚经历的"坏体验"。他们采用的办法是投射——出问题的是另一个团体，碰巧那个团体出现了这个问题并且就发生在医院的其他地方。制造出别的受困扰的团体令人愉快。一旦发现这个机会，员工团体立即非常有效地利用它来缓解自己的痛苦。把问题投射到厨房后，员工会议并没有让问题随之而去，而是与之认同、讨论、与那些工人共情、探索困扰他们的是什么。尽管事实不是这样，但并没有改变什么。

集体心理防御机制

大家对厨房里的问题有兴趣的主要目的不是处理厨房的问题，而是与员工自己感到困扰的问题有关。这是一个投射性认同。员工继续去探索困扰的情绪，但这种困扰并不是他们自己的。他们互相支持彼此的观点，认为困扰在别的地方，坏体验和扰乱破坏的冲动是在厨房团体中。然后他们保护自己在意识层面不用去察觉到他们自己的体验，而能够在一个舒适的情感距离下发掘解决方案。

在上述的每个会议中，罗斯玛丽都被用来代替员工团队大部分人，去承担作为坚定或残酷风格的痛苦体验。有趣的是，罗斯玛丽有她自己处理这个痛苦体验的办法，从而导致她也不需要有意识地去体验与之相关的任何痛苦。她利用这种情况的各种可能性，来达到防御性再投射，将懒散的纵容投射回多数员工身上。

在这些示例中，社区团体采用了心理防御机制，而防御的团体性也促进了团体凝聚力。贾克斯（Jaques，1955）第一次描述了团体防御系统这个想法。他从团体成员的视角来看这个问题。

个体可能会将他们内部的冲突置于外部世界的人身上，潜意识里通过投射性认同的方式去跟随冲突的过程，并通过内射性认同的方式将这个过程和外部接收到的冲突的结果重新内化（p.497）。

而从社区团体的视角来看：

社区提供了一些机构化的角色，这些角色的担任者被准许，或被要求把其他成员投射的客体或冲动内化到他们自己内部。这些角色的担任者可能吸收这些客体和冲动——将它们吸收到自己身上，变成与冲动相应的好客体或者坏客体（p.497）。

因此，在这些防御机制的特征以及它们引起的戏剧化中，重要的是它们的集体性。团体作为一个整体在运作。

内　射

对于个体而言，他们把自己的个人防御机制沉浸在团体防御机制中有特别的收获。当贾克斯说"一个人把客体投射出去，把客体在外在世界的经历内射进来，其收益在于和机构或者团体里其他使用类似投射机制的成员形成了潜意识合作"，他是在讨论内射。团体实际上给个体自己的防御机制提供了内在支持："其他成员也被内化，使得对内在迫害者的攻击变得更合理和被强化，或者由此支持对所爱的客体的狂热理想化，进而加强否认了针对客体的破坏冲动"。（Jaques，p.497）

戏剧化和内在世界

贾克斯写的上面这一段比较复杂。他描述了在个体内心发生的一个戏剧性故事，来补充我描述的社区这个外部世界里的戏剧化故事。贾克斯使用了内在世界的概念，而这个概念我们将在下一章阐述。

示例5.3展示了这一点。单个成员从压力很大的社区会议中出来后产生了破碎的感觉。成员各自通过聊天和乱转，破坏了会议结构，造成了一个破碎的初始讨论局面。通过发现其他地方另外一个受困扰的团体，个体得以释怀。其他成员同样的行为强化和加速了这个防御。他把其他人内射的同时，其他人也在内射他。从其他成员那里得到确认，实际上其他成员在他心中变成了支持他自己机制的代理人。个体从外部支持客体累积得到的内在收益，这种集体性认同就是内射性认同。

贾克斯的工作来自他对一个工厂的研究。后来，他的同事孟席斯（Menzies，1960）研究了一家医院的护理服务，指出类似的团体心理防御机制。他们两人得出结论，认为正式成立的社会机构，是机构成员通过建立永久的工作方式，来供养个体的防御需求。

强制内射

孟席斯也发展出对内射过程的理解,指出护理服务如此需要集体性防御,以至于没有一个人能够站出来反对他们。招聘和培训包含了潜意识的诱导,让新的护士进入这个防御体系。她指出有些护士学生被这种压力弄得非常不适而退出了护士训练。孟席斯称这种形式的胁迫为"强制内射"。我们在第一章和第二章也看到过一些个体在社区戏剧化中被困在非常不适的角色中的示例。

我描述的在治疗性社区会议中的戏剧化,展示了非正式结构如何被创造出来,以提供这些投射性和内射性认同的防御。贾克斯和孟席斯这两位精神分析师的概念,正是我们把精神分析应用在治疗性社区的这个项目的起点。当我讲到边界和障碍(见第十三章)时,我们会回到这些想法。

理想化

到目前为止,我们看到分裂、投射性认同和内射性认同等机制是社区团体防御的要素,也会包含在戏剧化中。我们现在来看一个示例,展示在社区防御体系和戏剧化中包含的最后一个重要的心理防御机制:理想化。下面的示例其实是之后一个示例(示例18.1)的一个细节,这里用来单独看社区的一个方面。

示例5.4　作为天堂的社区

集体对社区似乎有一个深刻的承诺。人们没有离开集体,然而很多成员并不是每天都出现。尽管有人可能假设参加时间最长的成员是最投入的,但事实上这些长期的参与者却是最不规律的。他们在一两年之后没有什么获益的迹象,要脱离的话似乎很合理。

他们却并没有离开。也许应该和他们讨论一下他们的进展。然而，所有这样的举动都被社区作为一个整体深深地拒绝了。好像有什么不理智的事情在发生。

这里涉及集体态度。社区神话是，外部世界非常不友好和可怕，人们都不希望那里有自己最大的敌人；而社区本身似乎被看成天堂、伊甸园。这个神话与现实几乎脱节。一个特别的时间清楚地展示了这一点。一个成员唐要被解除治疗，因为他的状况显示治疗已经失败，同时这些状况也重复着他在大学和其他地方的挫败感。他抗议了很多天，最终发展成一点儿行为上的暴力，虽然没有对其他人造成什么伤害，但是有造成严重伤害的可能性。他让很多人受到了惊吓。有趣的是，第二天的社区会议对这个事件以及它造成的恐惧睁一只眼闭一只眼，没有人提起这件事。很明显病人和员工把这件事掩埋了。取而代之大家讨论了病人们在外部世界遇到的恶劣状况。社区是一个友好、平静的港湾这种感觉更加显著了。这个天堂视角非常触动工作人员，所以他们在这次会议之后决心要更加严格和坚定，事情不应该让病人这么舒服以至于他们不想离开。工作人员采取了一些手段但是并没起到实际作用。额外的严格使得病人对社区的理想化变得更加严重，甚至产生了更多社区是一个友好、平静的港湾的感觉。

这个过程的循环特性会在第十一章（见图11.3）进一步讨论。这里我们关注的是对社区的正常视角如何被集体性地强迫理想化。想要遗忘恐惧的事情的愿望，能够排除掉现实证据的影响。就像团体投射的示例一样，失去了与现实保持接触的能力。这同样也是防御。

理想化的基础是把所有糟糕的事情投射到外部世界中去。在这种故事中，随着社区内部的暴力和压力出现，外部世界也同比例地变得越加富有敌意。

防御的需要

结束治疗好像是被判死刑。理想化使得社区中的每个人感觉认同了某个如此美好的东西，每个人都相信他自己也只有美好的一面。我们在之前戏剧化的示例中注意到了这样的两极化，里面的角色被推到了越来越极端的位置（例如示例 5.1 和示例 5.2 中罗斯玛丽的角色发展）。

所有这些示例揭示了对防御的迫切需要。这个防御需要去保护一个身份认同，也就是一个人在最积极的光线下反射出的形象。这种被称作自恋性的焦虑是关于一个人自己的人格的，然后它被这些在社交中增强的防御机制所掩盖。

可以看到不同的心理防御机制是相互联系的。分裂、投射、内射、认同和理想化是原始防御机制，因为它们从时间上来看与非常早期的婴儿使用的防御类似。然而就像我们这里讨论的，它们绝不仅仅限于婴儿的行为，在正常的社交过程中也非常普遍。

总　结

本章介绍了精神分析的概念能够使得对团体和社区动力的描述和理解达到一致的方式。戏剧化是在精神分析中发现的对于防御机制的演出，它是焦虑和对抗焦虑的防御的活现。有些防御机制甚至可能在团体设置中比个人设置中看起来更加明显。我们展示了分裂、投射、内射、认同和理想化都是支撑戏剧化的集体防御。

第六章

在社区中的个体

戏剧化将个体的人格置于社区中。这达到了双重目的，既活现了一个社区问题，又活现了个体自己的内部客体关系。

社区——个人关系

一个个体似乎在一个（戏剧化）会议中不能起到很大作用，除非他表达了一些对社区情绪有重大影响的事情。得到回应意味着他与会议建立起了积极的关系，而这个关系在那个时刻很重要。

是什么样的关系？这是个关键信息。我们必须要问：这处在什么样的剧情中？如果能够回答这些问题，那么个体的状态和社区的状态都会变得更加清晰。

示例6.1　那个他想要成为自己的男人

弗兰克在会议一开始说两年后他会变成酒鬼。他停住了，似乎在赋予会议拯救他的能力。

会议随机应变，用一个明显像精神科的方式来质问他。有几个关于他的性格和家庭背景（尤其是他对于父亲的恐惧）的设想听着比较理论化，而弗兰克的评论听起来像关于他自己的小心假设，而不是开放进入一个新体验。会议形成了像精神科"案例讨论会"（这种会议在示例9.1会进一步描述）一样的单调直白氛围。

从弗兰克身上发觉，他父母从来不容许他"成为自己"，而酗酒可能是他对于压制的反抗。这可能是，也可能不是对于他人格的准确发现。如果看作一个案例讨论会的话，这个会议进行得极好。然而对我来说，在会议中这种坚定却理论性的对他问题的攻击，对弗兰克并没有多少好处。让我印象深刻的是，描述弗兰克和他父母之间的关系，现在可能正在弗兰克和会议之间发生。我指出，这个讨论有很强的理论化特质；在会议中，什么东西阻碍了弗兰克"成为自己"——也就是阻止他感受到自己的感受。我也指出，如果成为他自己意味着变成酒鬼，那么或许他的父母在这一方面阻止他成为自己的做法是对的。

或许能看到弗兰克的一部分是被禁止的，而实施禁止的那个父母部分在会议中呈现给了我们。这个父母部分会通过会议中的其他人扮演这个角色而被外化：呈现出一个温柔讲道理的父母形象，能够理解人但又非常疏远。这个外在戏剧化参照了内在的剧本。

对于我的解读，他的反应是给出更多信息。他说他即将在家和父母度过下一个周末，会见到一个酗酒的叔叔，他喜欢这个叔叔但是他的父母为这个叔叔感到着耻。之前有一次，在弗兰克姐妹的婚礼上这个叔叔表现很糟糕而且喝醉了。母亲非常沮丧，而父亲和叔叔吵了一架。

当这一系列信息结束的时候，会议似乎再次需要应用理论了，但这一次一小段干预过后，弗兰克表现得很生气。然后他承认他害怕自己生气，他害怕他或许有可能谋杀某个人。有点儿惊奇的是，会议没有再开启那种案例讨论会似的讨论。实际上讨论变得更宽泛而自由，也有更多人的参与。会议朝向言语化模式转变，而远离戏剧化。有几个人出现了针对愤怒情绪更自由的交流。

弗兰克声称他的父母压制了他，限制他成为他自己，这掩盖了他自己对自己愤怒和凶残的限制。他也许通过酗酒能够消灭"成为愤怒的那部分自己"。他和会议的关系是无效的——情感部分在讨论中被移除了。通过这样使用会议，弗兰克能够压抑他危险而活跃的一部分自己。从另一个方向来看，会议作为整体配合了这种伪装的计谋，到后来才发现存在一个愤怒的心理。指出这个关系最终使得情况的两边都展现出来——弗兰克的困难和社区"此时此地"的情绪。弗兰克的恐惧和他的自我限制补充了当时社区里的某种东西。

从社区的角度看，谁可能被谋杀？为了什么？对于弗兰克来说，这个关系带着一个约束但也可能是拯救的形象——想阻止他儿子变成酒鬼的父亲。对其他人来说，社区确实存在一个矛盾的情况——既有约束也有拯救。会有一些行动来加强这个组织，引入一套约束体系来达到明确控制社区成员的目的。

案例讨论会类型的戏剧化提示我们有什么东西被掩饰了。这个矛盾包含了一种攻击那个作为拯救者的父亲并谋杀他的愿望。大部分成员因此感觉撕裂。他们通过认同一部分——作为拯救者的父亲，来处理这种情况。但是弗兰克承担了另一个部分，即可能要变成谋杀犯而必须被约束的人。那种案例讨论会般毫无生气的活动不仅仅是针对情绪的防御，它也提示了特定的压抑。

弗兰克发现自己处在这样一个角色中：他成了自己凶残的那部分，必须被扼杀的那部分。在被扼杀的同时，他也在整个戏剧化中扮演社区被剥夺生命、死气沉沉的部分。

　　他为社区承担的角色使他在会议的集体行动中得到了其他人的支持。如果他是在杀死社区会议的生命，那他并不是孤单一人。这得到了所有参加案例讨论会戏剧化的人的认可。对其他人来说，这起谋杀现在只剩下一步之遥。弗兰克似乎已经执行了它。

示例6.2　不被承认的身份

　　同一个会议继续进行。一个轻度躁狂的病人吉尔来得很晚，她通过轻率和琐碎的谈话把注意力吸引到她身上。一个工作人员特莎提到弗兰克在会议开始时的"偏执"已经变成了对自己愤怒的恐惧。吉尔马上评论说她刚刚在楼下厨房和一个重度偏执的人说过话。她想去把那个人带到会议来，她说那个人需要同情但是她没有保护他。特莎说他一定是代表了吉尔自己的某个部分，而吉尔不能谈论自己这部分。吉尔说不是的，她要去带他来。但是别人告诉吉尔她不能把楼下的人带来，因为他不是社区的成员。特莎邀请吉尔谈论那个人，然后我们就能够通过他来稍微理解吉尔。然而吉尔只能说很少的一点点，并且很快就离开了会议。

　　很显然，会议像之前一样继续着同样的风格。虽然吉尔没有参加会议的第一个部分，但是她承担了"不成为自己的某个部分"这个戏剧化角色——那个部分似乎被留在了厨房里。这是她"偏执"的一部分，需要被同情而不是被施舍和保护。回应揭示了关于是否允许吉尔恢复戏剧化模式这个问题的冲突。因为会议已经转移，现在明确是聚焦在语言上，吉尔似乎根本无法再次真正进入会议。

被排斥和被包容

有时候我们会听到一些反对声，说一个人的个性被忽视了。他可能担心被淹没在意见完全一致的成员中。有时候会有代表自恋性成分的呐喊，这些成分拒绝承认有什么东西比他们自己更大、更有力量、更明智。然而有些时候，抱怨来自放在个体身上的压力，要求他们进入社区会议指派的角色。他们在会议中的个性被限制在他们人格的一个部分（Hinshelwood，1982）。

我们已经看到了社区作为一个整体的特征——（1）无差别的社区会议出现问题；（2）隐藏的和公开的敌意表现；（3）戏剧化；（4）个体作为人格化成分被卷入社区戏剧中；（5）有充沛的资源来活现戏剧化。

我们在示例3.1中看到，不同的人用不同的方式表达对社区的不同情绪。在第二天，哈莉特表达了不高兴和愤怒，和前一天截然相反，当时克里斯和伊芙表现出对疯狂及其带来的影响的绝望。似乎站出来的个体在这个戏剧化模式下，最适合表达会议潜意识内容里的某个部分。

某些个体配合了会议的气氛，那个个体也并不会被完全忽视。他个人的某个东西也代表了其他成员——但这可能只是他的一部分。同样，配合某个人也并不会真的忽略会议——但会议也只是对大家都在利用的这个关系的一半进行工作。

大量的社区会议体验是关于在会议之外还是在会议之内（见示例9.4和示例14.4）。这些是个体在自身困难的冲击下试图在社区和社区会议中站稳脚跟的重要问题。

在探讨作为一个大型学习团体的一员的体验时，蒂尔凯写道：

在一个环节刚开始，一个大组的成员……认为自己被包围了，因此被自己的沉默所束缚。当他待在自己沉默的孤岛上时，他是一个单独的人。留在那里的诱惑是巨大的，因为全能的主宰权似乎仍在他的掌握之中。踏上与他人相关的道路也许值得尝试，但此举有风险。这种风险不仅是要从单独状态步入未知的"我"的状态（即与他人相关的个体），而且因为未知的状态具有不可逾越的广袤性，以及永远迷失自我的进一步风险（1975，p.119）。

蒂尔凯接着描述了成员如何通过来自他人的回应确认自己的存在和身份，来掌握无边界这个问题。然而有个风险是当"团体成员身份压倒个体的自我定义"时（p.95），个体会被卷入奇怪的身份中。他用自己的术语描述了为达团体目的，个体被当作戏剧化的角色使用的风险。

个体发现自己被卷入的角色有一些特征类型。在本章中，我将探讨"独白者"和"沉默的组员"；在第七章里，我会讨论其他三种领导类型。

独白者

在自由浮动的社区会议中，经常出现的是明显无休止的独白。这似乎在会议和个人之间根本没有任何关系。然而，从另一个角度看，它可以被看作一种排除所有其他人的关系的戏剧化。

示例6.3 独白者

周中的一个会议，一个相对强势的病人弗丽达拄着两根拐杖，腿上打着石膏进入房间。她坐下来，让另一个病人在她腿下面放一张椅子。因此她变得非常显眼，在前半个小时左右她的独白是团体唯一关注的焦点。这样的独白在一段时间内一直是社区会议的特点，尤其是弗丽达经常扮演这个角色。工作人员普遍认为，由独白占据的会议没有价值。但是，对此可以做些什么呢？

大概过了 20 分钟左右，蒂姆打断了独白，评论了弗丽达的表达态度，而不是她说的内容。这里有必要先说一下对弗丽达的简单印象。在她被接受入组之前，她和一个很相爱的伴侣同居了大约 30 年以后分开了。她在医院里的表现很暴力，而且容易激起暴力，这些表现似乎既用施虐、受虐的方式让人满足，也发泄了她之前受到虐待的体验。她不受约束的行为时常伴有会议前的大量饮酒。在我报告的这个会议中，蒂姆注意到弗丽达暴力和激怒程度的减轻。他猜测她之前没有喝酒。他的感觉是因为她没有喝醉，所以更容易和她共情。蒂姆在会议中向弗丽达表达了这个感觉。弗丽达用她受虐的方式，坚持说这是对她喝酒的道德谴责。蒂姆抗议说，如果有什么意思的话，他就是想传递一个赞同的态度。但是另外两三个人也提了这个谴责的问题——他们正好也是酗酒者。很明显这是一个妄想的情况。尽管可以说独白模式出现了轻微的变化，但它已经转向了熟悉的迫害法庭场景，有一个被告、一个原告和一种不友好的气氛。很难说这次会议变得更好了。

后来另一个工作人员维克，做了一个似乎更成功的干预——结果是更多人参与进来，将迄今为止在戏剧化中一直模糊不清的某个东西言语化表达出来。

维克认为蒂姆一开始的评论看起来准确但是不成功，不过他提出来了。他评论道，虽然更容易和弗丽达共情了，而且其他大多数人一定在他们的生活中也有过类似的经历，但实际上没有人真正回应了弗丽达所说的内容，或者和弗丽达分享他们自己的分离经历。在这之后，几个病人同意他们有过类似的痛苦的分离。这引发了针对一些特定护理员工的攻击，认为他们缺乏同理心；然后批评工作人员最近对时间表做出的一些更改让大家困惑；然后是对一个上周刚离开医院的深受欢迎的职业治疗师的短暂回忆。

在这个示例中，在独白模式和分离情绪之间有一个有趣的连接。相对更成功的解读不是针对弗丽达的精神状态，而是针对她在会议整体中表现出来的孤立隔绝。接下来的讨论主要围绕孤立的感受，以及是在社区中很多人体验到的隔绝感受上。

最终有人直接表达了缺乏和员工的接触。在那之前，问题一定是大家相信没有人能理解它。那是一种特别痛苦的绝望——当存在一个信念说，那里没有人可以理解自己的感觉。失去一个深受欢迎的员工，和即将来临的若干员工不在的夏季假期，反映了内在的孤独和丧失感，以及在第四章讨论过的碾压过来的责任感。

弗丽达脱颖而出是因为她特别适合带领这种内在问题的外在戏剧化，而目前这个问题在社区中仿佛是黑暗中的一个哨声。这次会议不仅提供了一个绝望的个体以她的痛苦支配他人的画面；同时也是一幅社区画面：这个社区暂时没有被感觉到提供了充分的支持性的陪伴。内部和外部之间的回响似乎促使整个社区进入了这种无望的交流的极端状态，在这种状态下，甚至断腿也象征着失去了支持。

任何其他可识别的同伴都消失了，这通过独白者身边观众的沉默被表达为一个戏剧化事实。他们看起来像卷心菜，带着浓重的不感兴趣的信号，盯着天花板、地板或者窗外。可以说他们的心思在别处。蒂尔凯恰当地描写道：孤单的人安全地被包裹在自己的沉默中。

对于独白者自己来说，她或许能够在一种她就是会议的无边界的感觉状态中克服孤立隔绝。那样便没有分离——取而代之的是一种醉人的胀大，仿佛要包裹所有东西，命令和控制所有的人和家具。一切都是家具。

沉默的组员

与独白者相反的是沉默的组员。他显然永远在倾听，尽管这不是普通意义上的倾听。蒂尔凯指出，如同独白者认同会议本身一样，沉默的组员也在保护一种相似的全能掌控感。

示例6.4　沉默的组员

> 弗雷德是一个30多岁的男性，在一次由致幻剂引发的精神病发作之后，他处在一个沉默寡言、不活跃的状态。大概在两年间他每天都来医院，约一年前，他用斧头威胁了妻子，而没有再来医院。后来他被送到了一个精神病院待了28天。回来之后他继续他的状态。他在社区会议上消磨时间，或在读书或在睡觉。然而在这一次，会议被另外两个病人之间的恋爱关系占据。格温刚刚和她的爱人哈里吵过架，哈里在暴怒中冲出了医院。格温战栗的焦虑占据了整个会议，他说可能当晚会返回公寓攻击她或者做出其他暴力破坏行为。
>
> 当会议在讨论格温在挑起暴力威胁中的作用时，弗雷德在两年内第一次张口了，说哈里想用暴力。过了一会儿他重复说了这个。很明显这个对讨论进展的方向没有什么影响，完全没有被回应或再提起。

就像示例3.1中沉默的组员，当某个东西很像弗雷德的一部分——对妻子暴力的部分时，弗雷德瞬间认同了社区。在他那专注的、遥远的评论中，他用一种无声无息的存在方式，似乎发现自己很容易融入正在发生的事情中。并不完全是只有当触及他的问题时他才进入会议。他不是从长期对其他一切事情感到厌烦中突然对这个话题提起了兴趣。相反，他好像处在一个非常不同的存在状态，在这种状态下他瞬间与其他共同聚焦在这个问题上的组员融合了。在这个时候，他解决了蒂尔凯定义的那个问题，即没有整合的成员必然要冒着危险突然跳入团体中去寻找他的认同。与之相反，弗雷德一直在等待，直到团体来到了他的认同这里，他才能够感到与之融合。

融合的状态

社区中充斥着很多成员的绝望和夸张的希望。在某些情况下，他们中的许多人通过融合的方式应对这种紧迫性，他们可能看起来很沉默，但会议的活动被认为是他们自己内在的活动。

沉默的组员从会议中撤退，把他的心理放置到别处。他的心理以一种不同于会议所要求的方式被占据。为了应对分离和被排斥的感觉，他生活在一种错觉中，认为自己和参与会议的其他人之间没有区别。对他来说，边界已经消失了。当会议中发生一些事情时，只有当"发生的是我"时，他才会在场。这一举动巧妙地回避了他对排斥和分离的恐惧，以及对自己或社区各部分失去凝聚力的恐惧。

沉默的组员和独白者都非常广泛地打破了自己和会议之间的界限。如果还担心社区正在瓦解，那么对分离的焦虑就会增加。孤独的社区碎片通过否认这种焦虑来应对焦虑。他们通过把自己焊接到一个妄想的融合来达到这个目的。所有的边界都受到了威胁，被溶入一个无边界的无差别的社区。这些在社区层面的现象将会在后面讨论（例如示例14.7中有一个时刻坚持反对将要发生的碎片化）。

在这里值得再次注意的是示例3.1中描述的伊芙的相关体验。她沉迷在一个试图把房间里所有人都包含在内的活动中，这些人被她手提包里包含的所有关于她身份的部件所象征。

在独白者/沉默的组员类型的戏剧化中，人们被嵌入社区中遥远的、不现实的状态中。对社区的离奇认同意味着个人的有效性、完整性，社区的有效性、完整性和身份更加紧密相连。

现在可以从一个新的角度来看待社区中的个人问题。这是一个确保个人身份感的基础问题。所有个人的问题是要敢于将自己与会议的其他成员区分开来。也就是说，他们必须在他们认为是内在的和外在的东西之间建立明确的界限。成员长期在两种幻觉之间挣扎，要么是会议被纳入了个体，即外在被抹去了；要么是个人弥漫在整个会议中，即他丧失了内在世界的感觉。

尽管这些可能是普遍的体验，但它们在那些担任独白者或沉默的组员角色的人身上更有优势和影响力。在下一章中，我们会回到那些运作方式相对不那么病态的个体身上，他们用自己人格的力量将整个社区引向更有差别的戏剧化（正如示例4.1和示例4.2中的埃伦和埃斯特那样）。

总　结

在个体和社区之间已经开始呈现一种复杂的关系。这种个体内在客体关系通过社区整体戏剧化外化的展示看起来似乎是单向的。实际上，当个体对于社区需要的角色有某种特定的适应性或者"化合价"的时候，他们就会扮演戏剧化中的角色。也就是说，在个体自己的内在幻想关系和社区戏剧化所需要的关系之间，有一些愉快的契合。在那一刻个体成了社区的领导者。独白者提供的领导是尤其隐晦的，它似乎完全废除了社区。沉默的组员也是一个模糊的形象，从与社区融合的奇怪关系来讲，他似乎和独白者密切对应。

第七章

体制和个体

要继续个体社区关系在内在和外部世界之间的影响这个话题，我要进一步简单描述一下个体对团体认同的类型。

下面讨论的这些角色中的个体，相比独白者和沉默的组员，他们对团体生活现实情况的判断更有把握。由于他们在人际方面有更强的工作能力，他们可以对社区的组织——对它的体制产生强有力的影响。他们能够使"社区人格"与他们自己人格的内部关系特点相一致。我把这些类型挑出来是因为他们似乎代表了"纯文化"。

我们看到了内在的严厉批评如何转化成外在批评（示例4.1）。整个社区组织的风格根据个体人格被改造。我会描述：（1）一个非常破碎的社区的领导，而她自己内在本身就是破碎的，正如克莱因（Klein，1946，p.5）描述的那样；（2）一个依赖性强且令人闻风丧胆的"黑帮"，为了自己的目的而推动一个社区的发展；（3）僵化的领导成了僵化的社区官僚体系的注意力的中心；（4）违法犯罪者控制下的社区体制。

影 响

个体和社区之间的影响不能简单地认为是一个单向过程，即某个个体迫使社区压力遵从于他的内在世界。那只是表面的样子，尽管这个错误很容易犯。被选中的个体和社区文化形成了一个"神经症性结合"。这是怎么发生的呢？

某种滚动过程聚集了动力，塑造了文化和角色，以在某个最终稳定的点相结合。当社区面临诸如示例3.1中呈现的丧失之类的问题时，会抛出某个个体来满足其需求。在那个示例中，几个人在几天内连续出现，然后随着问题重要性的变化而变换不同的角色。

在其他事例中，有一个稳定状态在发展。个体是戏剧化的资源。他们被选中是因为他们具有满足这些特定戏剧的特质。被推到前台的领导者似乎建立了对这些问题的指挥权，以便可以按照自己的方法收集这些问题。如果他和社区"契合"，那么这就变成了一个自我意志持续推进的过程。社区的需求符合个体的需求，然后这个循环以一种奔跑的形态进行。这是由两种机制来驱动的：进程选择人格，以及人格为进程开辟渠道。将正确的人格连接到正确的进程，这个系统就会奔向有限的几个终点之一（后面讨论，见第十九章）。

个体提供的戏剧化具有潜意识防御优势。对于社区成员的代价是被迫采用这个领导者的防御风格。这经常会加重最初的问题。

当社区的问题显示出和领导者的个人问题紧密相关的时候，也就是他仿佛在这个问题上有专长时，社区会接受这种类型的领导。例如，社区混乱的威胁使格温内思（即下一个示例中的精神分裂症统治者），处于一个特殊的位置，因为她对于自己个人分裂的恐惧。

一个可能进一步加强社区和个体之间"契合"的条件是，大部分个体有着类似的人格，因此在成员之中内在关系和防御有高度一致性

（在官僚主义领导下相当僵化的社区状态，在本章和第十六章会有描述）。

德·乔恩（De Jong，1983）描述到一个有趣的社区问题：越来越多的成员出现了进食问题。这对工作人员来说并不明显，一段时间以后，这个选择性偏向导致了用餐时间的彻底改变，以及社区文化中对吃的态度变化。从我们的角度来看，引诱工作人员掉入这个过程中并让他们无法察觉，这令人印象深刻。很多带有类似的内射问题的人累积起来导致了一种文化，而这个文化会理想化它自身的能力，同时又无法考虑现实特征。

有可能在 Synanon①类型的戒毒所中发现的这种奇异的一致性，来自选择性一致，也来自活跃的趋同文化。

对处于困境中的病人来说，残酷的转折是，他来到一个社区，尽管他自己这样做了，但他把这个社区歪曲成了一个扭曲的版本。这可能不仅来自他的误解，而且通过这些误解，他可能实际上促进了一个病态组织的发展。就像奥斯卡·王尔德冷酷地指出，"每个人都会杀死他所爱的人"。社区成员把他的一份希望变成了他内心悲剧的复制品。

团体混乱

我把第一种特殊文化的领导者称为精神分裂的统治者。他主持了总在发生的团体混乱。

---

①Synanon 类型的治疗性社区是在 20 世纪 60 年代在美国发展起来的，用来治疗药物成瘾。因此选择的是一类非常同质化的、药物依赖的人。这些社区发展出了一个非常僵化、等级制、惩罚性的体制，其在世界各地各种文化中蓬勃发展的分支也出现了惊人的一致（Sugarman，1974；Glaser，1977；Hinshelwood，1986）。

示例7.1 精神分裂的统治者

格温内思在她20岁出头时是一个心理变态的女孩，她的生活、想法和对话永远处在一个混乱状态。她控制了一个在她周围与之相配的社区。那些会议令人非常沮丧，很容易注意到有高强度的紧张、缺乏协调或主题、打断、同时多个对话、经常有人呼叫需要有强大的领导力，以及对任何尝试去领导和组织的人完全缺乏忠诚。

尽管有专业的结构，员工会议还是被影响了。会议组织本身也很艰难，因为想要组织会议的努力都被严重阻碍，任何人显示出对社区系统的忠诚都会面临可怕的嘲弄。任何人试图去组织，不管是员工还是病人，都发现自己被切断和孤立在奚落中。所有这些似乎是由格温内思安排的，她用这种方式统治社区的能力和她没有能力去建设性地统治任何事情截然相反。她有很强的个人魅力、吸引力和刺耳的外乡口音。她有能力利用这些天赋去挫败建设性的努力，只有当她发现自己被困在没有人能清理的混乱中时，她才感到绝望。

格温内思强烈的情感总是唤起社区里深深的忧虑，社区背负着焦虑会担心周围没有人能帮助她忍受这些情感或者减轻强度。她给人的感觉是，她住在荒芜或废弃的地方，很恐惧，担心她已经淹没了她赖以依靠的救援者。她唯一的防御似乎是尖刻的蔑视，对社区及其组织、对任何她可能需要求助的人。这种蔑视确实仿佛强调了她人格里淹没别人的特点。她最终会从蔑视减退到一个疲劳的、空洞的徒劳感。

在这个时候的社区环境中，她很有影响力，先用她的焦虑特质来掌控，然后又使用她的轻蔑。她对其他人极端地纵容，与此同时（或者在快速转换中）她体验到强烈的、无力的绝望，绝望于她的放纵型体制导致的微弱的成就。

组织的任何方面如果给个体增加限制都会遭到极力反对。例如，委员会为洗漱问题努力构建简单的秩序，这会被贬低，在一段时间后委员会对工作也变得漫不经心或只做表现功夫。任何员工想维护时间表，保证项目有序进行，这些努力都被嘲弄，而直到大家开始抱怨感到无聊和缺乏秩序时，嘲弄才会终止。

熔炉里产生的对一切事物的阻碍，对改变、不同想法和实验带来的不确定性的恐慌。格温内思的人格充分代表了这些焦虑，同时也让她根据她自己的投射创造了一个社区。她用绝望处理她的内在状态，而她的这个绝望通过对社区破碎的绝望这个媒介来表达。[①]

格温内思作为个体，不是造成这一切的唯一原因。当社区里的条件变化时，很可能可以把系统牢牢控制住，把这个个体作为仅仅是病人之一重新容纳。社区本身经历了它自己的权力、结构和组织的斗争。即将被指派来的管理日间服务的新医生对在岗的员工是个挑战。员工在一段时间内处于"无领导"的权力真空中。于是在这段时间里，格温内思执行了和社区"契合"的行为。在她自己的世界里，所有她的连接、使事情运转、形成一致而有序的想法的能力，都从内在被攻击了。用冈特里普的话（Guntrip，1961）来说，这种人格的客体关系特征是"去维护自我的奋斗"（Klein，1946）。

精神变态的黑帮分子

后面的示例（比如示例20.1）展示了一些个体如何冷漠地掌控了社区，他们不考虑别人而把组织转向了利于他们自己的方式。这个领导者得到了一些非常特殊的特权：迟到、缺席、违反喝酒规定、未经允许在住院部住宿。毫无疑问，他们利用和恐吓其他病人，可能得到

———————————

①这个实例的各种角度会在第十五章做进一步分析。

了钱或药品。在这种情况下，社区的体制是一种特殊而匹配的类型。它似乎冷漠无情而缺乏严肃目标感。这个组织显示出需要复兴的迹象（不是像上个示例那样通过攻击和嘲讽）。忠诚是口号上的：人人为自己，给出的理由是个体的需求是最重要的，应该保护不受挫败——"毕竟这个地方是要帮助人的，而不是惩罚或控制他们"。这种可怜的口号被有优势的黑帮领导者或是想建立霸权的小黑帮像抢锤子一样冷酷地挥舞着。没有人可以继续追问那些声音最响的人兴趣以外的事情。大部分人碰壁，放弃所有目的和意图。这个过程在示例11.1中也能看到。

示例7.2　占统治地位的黑帮分子

在某个时间点，社区处在一个系统和纪律都在松动的阶段。这最终达到令人警醒的程度。维持社区的机构需要支持。然而，出现的问题是从社区层面上严重缺乏参与度。

一些更可靠的社区成员最近离开了。社区会议被少数几个人接管——也许只是对刚刚离开的领导的拙劣模仿。其他大多数成员保持沉默。

三个来到前台的人开始掌控会议，通过不同的方式把他们作为社区的一部分体验到的个人困难展示出来。他们的请求基于他们自己的特殊症状，似乎在推进一些完全方便他们自己的变革。虽然没有什么明显的共同点，但他们似乎在进行着很自然的合作。三人中一个是个非常依赖、哀求的、神经症的女孩，一个是有轻微脑损伤且害怕自己的暴力爆发的男人，第三个是冷血、令人害怕的精神变态。至于作为被选的社区领导，他们看起来都不是很像样，我们或许以为他们会被轻易地从舞台中央驱逐。然而并没有，实际上正相反，社区配合了这个戏剧化。

让社区不活跃和无效运作的是这三个人代表的社区的某些东西。他们提出了一个诉求，也就是他们自己的个人不适是社区的首要责任，这被允许发生，或者说是被戏剧化了。在社区戏剧中，他们代表了一种得意的和反常的掌控，要掌控心理障碍以及婴儿的自我沉溺，这个婴儿的自我沉溺盖过了理性的组织。这是一个幻觉，给了心理困扰优先地位，类似于把社区当作天堂（见示例5.4）。没有去坚持治疗心理障碍这个任务，而是把心理障碍放大了。

以下这个案例，以一种熟悉的方式，描述了个体人格和社区动力戏剧化中的角色的匹配。这里涉及的个体自身有一些特定的内在客体关系，而这些关系能够外化进入社区体系来表达那个时刻社区的需求。他们的内在世界是以一种相对应的方式在运作，使其能够直接外化进入社区体系。精神变态的领导者的内在世界尤其被他人格中破坏性部分所主导，而这个部分胁迫了他自己更有建设性的部分。似乎这种人试图：

> 通过杀死他们有爱的、感到依赖的自体并几乎全部认同破坏性的自恋部分，来摆脱他们对客体的关心和爱，这也给他们提供了一种优越感和自我欣赏……这些病人的破坏性自恋经常是高度有组织出现的，仿佛这个人在应对一个有领导者的、很厉害的黑帮，而这个领导者控制了黑帮所有成员，让他们互相支持使得犯罪破坏活动更有效和更有力……主要目的似乎是阻止削弱组织，控制黑帮成员，进而使他们不会抛弃这个破坏组织而加入自体的积极部分或者背叛黑帮秘密（Rosenfeld，1971，p.174）。

为了尽力描述一些病人的内在世界，与他们进行个体工作的这个精神分析师使用了团体模式。因此，内在世界马上变成了外在体制的来源。

刚刚描述的这种精神变态的领导并不总是能达成他自己的方式。

社区也许会被刺激朝向不同的方向，形成不同的体制成果（见示例20.1，这个示例展示了一个社区是如何应对这种人的）。在这个示例中，社区通过变得坚决不顺应保护了自己，以此对抗领导者的违法犯罪的客体关系的活现。社区的铁腕能够压制住这些个性类型并控制他们的过度投射（见第十六章）。

由这种类型人格的人构成的社区体制比较僵化，当他们集中出现在治疗性社区里时，这种情况会更明显。而治疗性社区在某种程度上，在精神变态者中赢得了声誉。但是也有其他类型的人格，当积累够一定数量时，会外化一个不同的体制，从而呈现一个不同类型的僵化。这些是更加强迫的人格类型。

强迫官僚型

在表面上，我称之为"官僚的立宪派"的这种角色似乎对社区的害处较小。他们时不时地会发出号召来制订规则和发出声明，建立一个宪法，或严格地给每个病人写一份合同签字并写清楚在他接下来的一周/一个月/一个阶段治疗中他需要做什么事情。这些领导经常传达各种倡导和理由。这样的提议不要被马上勾销，因为它们有可能发展成为有成效的活动。然而，它们也可能导致巨大而持久的问题（见示例16.1）。

在这些行为背后的个体没有之前那些类型那么显眼——他们示范了面目不清的官僚。然而，他们在社区里面能够被清楚地辨认出来，他们变成所有出现的问题的参照点。他们不像其他类型那样会在社区里遇到麻烦，因为他们自己见诸行动的方式是特别有次序、有考虑、准时的并支持工作人员的。这些特征有助于团体成员在这种井然有序中确定问题是什么。

这种领导对社区做的事情，是把任何问题拿出来转化成一个组织流程。它有效地阻止和磨平了焦虑，而这些焦虑本可以被恰当地检视。这些领导小心地把他们自己，满怀同情地、刚刚好地置于正在发生的事情的情感范围之外。因此，他们处在完美的位置，在正确的时间把事情挑出来然后转化成一个新的规定或者协议。不管这样多有创新或多么有创意，它同时也回避，尤其逃避了潜在的自我面质。同样地，当个人危机即将浮现时，有些人提出对组织结构进行改革，这反而阻碍了他人个人危机的治疗。或许可以说他们本来有着高尚的考量却扼杀了社区活动。在恐惧的统治这个示例中（见示例10.1），目标是消除每个人感觉到的不适。在那个事件中导致的是过早地结束许多人治疗的机会！然而，这没关系——因为意图是去减轻压力，而不是面对它。

再一次，领导在正确的时间站出来领导一个体制。结果社区的任务被歪曲了；社区任务从探索人们内在情感世界和人与人之间的情感世界这个任务中撤退了；转而去适应和创造社区的流程。

总　结

我讨论了某个个体可能如何带着具有他自身特点的内在客体关系，不仅掌控了社区会议，实际上也掌控了整个组织。正是因为这种逻辑，可以说他创造了他自己的体制。我们描述了几个特殊类型的个体——分裂型、精神变态型、强烈依赖型、强迫官僚型——他们的体制以被看起来可能比较个性化、实际上不够个性化的方式主导。

我建议领导要依托于那些他特别善于逃避的社区问题。一个循环可能会这样发生：社区问题可能会被某个个体用典型的逃避手段来缓解，而这个个体通过社区戏剧化来引导社区进入他自己内在世界的表达；这个往往会因为引发更多费力的逃避手段而加重社区问题。

第三部分
绝望、理想化和士气

第八章

作为移情客体的工作人员

　　一个新病人由于某些原因加入一个治疗性社区，他也因此抱有一些特殊的期望。这凸显了社区文化的一些重要特征。这位病人在加入社区时，在个人成就和生活两方面都感觉身处绝境，无论过去他曾多么努力地想在他日常生活和工作中有所作为，现在都一事无成。这种绝望折磨着他。他会不顾一切地抓住任何一根即便是虚幻的稻草。

　　他对形势的判断遥远而模糊。他仅仅能够看到冰山一角。置身困境中，他经常有一个信念，相信他已经失去或者即将失去生命中真正美好的东西（见第四章）。他感觉任何真正美好、让人欣慰、让他感到温暖和内心需要的东西，最终都会失去。在这种初始体验的色彩下，他感觉没有好的东西或人可以寄托。他寻找某个能够理解他的外在"客体"去帮助并缓解这种体验。然而在他内心最深处，他总是怀疑是否存在这样一个"客体"或人能够理解他——也就是说，没有人能够理解他内心这种觉得没人能帮助他的感觉。当无望感像这样螺旋上升时，必须找到某个超人的形象来打破这一切。这就是一个新病人在踏入治疗性社区大门的时候带着的期望，这在前面第四章讨论过。

工作人员面临着病人的期望，并且发现这些期望被放在了工作人员自己身上。在这一章我想要探讨工作人员发现的他自身所处的这个位置。作为员工团队的一部分，他被困在了一个由社区结构制造出来的很吸引人的戏剧化情景中。员工和病人之间的差异，并且仅仅因为差异的存在，就引起了"分裂"。分裂即戏剧化中角色使用的基础。社区中的差异变成了悬挂角色和戏剧化的挂钩。员工团队以这样一种方式被使用，就如同在任何其他形式的心理治疗中心，心理治疗师被使用的那样。它是一个移情的案例——员工团队或个体员工变成了移情客体。由于工作人员拥有一个很明确的职责，要负责社区的运转和有效性，他们总是被认同为超人一般的万能拯救者，而这正是病人总在寻找的。

在不同的心理治疗和社会治疗学习领域，治疗师有他们的工作职责。作为工作人员，他们有共同的责任来关注组织，并确保组织在需要时得到讨论和服务。他们既有专业角色，也有服务角色——为了后者，他们将被赋予组织角色，从社区的权力结构中衍生出他们的责任。

最重要的是明确这些组织和治疗角色，因为只有这样，工作人员才能把自己从病人对他们的巨大期望的触角中解脱出来。这样的期望在各种社区戏剧化中都会出现。

作为社区内对组织特别关注的群体，工作人员很可能被视为"员工-社区"婚姻中夫妻的一方（也许像父母一样）——作为父亲保护母亲，或作为母亲滋养和照顾父亲或另一个兄弟姐妹。在社区中会碰到许多这种"家庭"的幻想。然而这并不是幻想的唯一层面。存在原始水平的焦虑（起源于第四章讨论的偏执分裂或抑郁客体关系），在这个水平上病人把社区体验为一个真正美好的东西，病人在努力应对他自己的有害的心理体验时可以坚持下去。根据在那个时刻活跃着的共同信念，员工可能被视为社区扮演缓解容器角色能力的关键——或者对其不能以这种方式发挥作用至关重要。这些就引发了对员工付出的努力、他们的人格、他们的组织和他们的相互关系的极大的兴趣、观察以及幻想。

脆弱的移情客体

成员对社区和对员工群体的担忧紧密捆绑在一起，他们担心员工群体能否作为一个有效的团队来推广和保护一个有效的社区，使得病人能够依靠这个社区。成员在社区里投入了大量的时间和精力，可能有六个月或一年。这样的投入非常大。能期待什么样的回报呢？员工对这个话题缺乏清醒的认识，或者至少缺乏对这个话题的讨论，经常让我感到诧异。毫无疑问，这种忽略和责任感有关，也与员工感到必须拿出等量的好东西来匹配病人满怀希望表现出的信念有关。当在某个时刻病人对社区的信任出现危机时，对于员工来说很难与病人共情。员工难以感同身受地理解病人的怀疑，这种共情上的困难经常导致员工和病人之间逐渐分离或者互不理解，因此，病人更加怀疑员工是否能够理解他们。员工也经常怀疑自己，但他们感觉不应该让病人知道——继而更让病人处在怀疑自己不能被理解的困境中。病人可能感觉员工无法承受被怀疑。或许这对员工来说确实很痛苦，尤其是这触碰了他们对自己不切实际的全能的要求。

实际上治疗性社区存在一个共同特征，即病人觉得员工团体很脆弱，所以无法承受关于他们自己如此珍视和肩负着责任的社区的批评或质疑。病人时常私下里感觉他们必须支持员工（或许他们确实在这样做），而他们感到员工不想让他们知道自己的这种需求。

作为移情客体，员工团体允许这些幻想继续发展，并编织进非常复杂的未被表达的态度中——而这些仅在戏剧化的形式中体现。没有被言语化的这些幻想能够积累到巨大而可怕的比例。这些幻想越不被说出口，就越难以说出口。

如果员工积极地与大家一起做决定，将责任传递给整个团体，要么会觉得员工团体认输投降了；要么会觉得他们被任务和责任所淹没；要么会觉得遭受了他们难以承受的病人的攻击和不合作。毕竟就像我们所看到的，病人确实从他们内心深处相信他们自身包含某些让人无法承受的东西。

有时候，员工作为一个团体，可能看起来极其排外，在重要的讨论点不允许任何参与（焦虑的员工有时候确实会独占讨论时间）。病人可能感到自己不被信任，觉得员工把自己看成累赘。

员工团体中的工作关系以及团队合作风格对于病人来说至关重要，所以病人密切关注着每一件事情，并根据当时社区情绪来解读员工的行为。分歧、犹豫不决、对抗、风流韵事、分裂、和解，以及专业能力的比较，对于成员来说都特别重要。他们带着无限的关注和猜测去仔细审视。病人的希望，过分依靠在员工当时的状态和能力上，包括个体员工和员工团队，尤其在最开始的时候。

然而出于真诚或虚假的谦虚，员工却希望降低赋予他们的令人尴尬的重要性。他们只有无视它否则完全无法降低被赋予的重要性，但无视本身对病人的影响也很大。病人会感到他们对员工的兴趣不被欢迎或者他们在侵犯员工的隐私。这个问题就只好进一步隐匿起来，而员工则变得更加敏感。

员工需要克服他们的谦虚，更重要的是，他们需要有力量面对他们承受的审查，不管是什么样的审查。他们的问题在于内疚感以及对病人的责任感。他们害怕自己被发现其实只是普通人——并不是全能的超人。

员工经常使用各种可能的方式去躲避这种讨论。他们可能故意依赖单个病人、他的症状以及挫败。尽管这可能是完全正当的，但在这种情形里，病人可能感觉这是员工那边刻意分散注意力，利用病人使员工自己舒适。实际上病人需要一个防御更少的人，这个人至少能够面对自己只是一个普通人，也会犯错误的事实。在其他时候，员工可能会冲向过度自信一边，否认他们感受和体验到的困难。他们回忆过去成功的时刻。或者他们可能引入一个外部第三方（在某个地方总有个顺手的第三方），这个第三方阻碍或者威胁到社区。或者，员工可能分裂，感觉其实是"其他员工"有问题。有时候，这种否认表现为对团体、员工、自杀者数量或失败数量的共同哀悼——这是一种隐藏的手法，暗指某个权威人物对这一切负有责任，是这个人没有把他的工作做好。

支持员工

病人的担忧能够理解，他们担心自己作为工作中的搭档，一定给员工添了麻烦并让他感到泄气。如果他们觉得干扰了员工，会对员工的不适和脆弱感到负有责任。另外，他们可能默默地感到非常绝望，觉得难以修复他们赖以寄放自己安全感和希望的员工团体。这种幻想可能导致病人拒绝所有员工，或者用间接方式互相争吵和指责，或者当对社区的信念减弱并感觉某个关键元素出现问题时，表现得士气低落。

员工信心

认为员工工作的困难来自病人的问题或者病人的干预，这个观点有一定的正确性。毕竟当某个人被送到任何类型的精神科时，他已经击败了社会其他组织和部门的希望和乐观——以及一系列帮助者的希望和乐观，直到他们来到治疗性社区。因此，他们一定是对社区信心的威胁，也很可能会考验那里所有帮助者的努力。

　　也许病人的难点之一，是发现员工的希望和信心依赖于某一个人。这个确实会发生，也没有不会发生的理由。例如，某个社区会议进展艰难——对任何人都是，包括员工。对于员工来说最紧迫的问题，是确保他以某种可辨别的角色存在。他作为一个治疗师、精神科医生、护士或其他什么角色，当他感觉自己暴露在公开场合时，他的神经可能会非常脆弱。如果对他所做的贡献没有回应的话，这可能让他很紧张。他可能像新来的和最困惑的病人一样感到茫然。员工对于自己工作的感觉严重且持续地依赖于社区对待他的方式。

　　人们往往接受这样的观点：一个员工在社区会议里说的话比其他贡献更有分量。对此可能会根据员工内部的等级产生分级的反应。员工正好有一个现成的场所。他们作为团队工作，经常可以进行事先讨论。员工团队的这种心理凝聚力支持着每个成员的信心。当员工团体开始无法实现其功能时，某些员工可能会发现自己在社区会议中感到困难。别人很可能会注意到他们的犹豫和不确定，尤其是那些在那个员工身上投注了特别信心的病人。

　　在一个治疗性社区中进行的小组治疗，小组对社区提供的东西的评价可能会上升，而对其他事件的评价会下降（Manning，1976）。在这种时候，对于小组领导的评价也会明显上升。不可避免地，由于他们自身的原因，小组领导会通过这种趋势来加强他们自己的安全感，而所有人都想成为领导。员工团体会分割为两边——小组领导者拥有较高地位，其他人地位较低。从接受社区普遍价值观的病人的角度来看，很重要的是他的小组领导者与社区中其他员工相比要更有能力。一个共谋的系统便可能会在整个社区中发展，来建立小组领导者的价值。可能会建立一个"君子协定"，即没有人可以说诽谤小组领导者的话或破坏他的权威。

示例8.1　君子协定

> 在某个时间点，一个在社区价值体系中不受欢迎的小组领导者决
> 定放弃管理一个小组。只有在这之后，社区中才出现了对这位员
> 工表达保留意见的自由，而这些意见被搁置了很长一段时间。在
> 接下来的几个月，他被小心地从会议中边缘化了。

结构化的移情客体

尽管对员工的比较构成了社区一个主要的顾虑和焦虑——或许对员
工也是如此——但这些几乎从来不会被公开表达，不论是在社区会议还
是员工会议中。在这些话题上盖着的帘子导致了某种活动的进一步发展。
因为员工之间的分歧和竞争是隐蔽的，某个员工就可以间接向社区请求
对他个人的支持，从而获得相对另一位员工的优势地位。针对个体病人
的特定话题或者临床判断就变成了这种隐蔽竞赛的赛场。即使当所有参
与的人都很清楚的时候，也很少直接提出这个问题，形成解决方案。这
个情形会导致两种可能的状况。第一种是，这个竞赛将社区分裂成不同
的部分，社区成员忠于不同的员工，这一点不能被讨论，而社区成为活
生生的证据呈现出对解决困难的绝望。第二种是，比赛被心照不宣地化
解，结果是其中一个参赛者悄悄地被戴上了桂冠，象征更高的社区价值，
而另一方倒塌成为更低的价值，或者作为社区"坏"客体被压制。在后
一种情况里，社区作为一个整体，士气得到了维持，尽管这样在被贬低
的员工和他的少数支持者中产生了怀疑危机，例如在他的小组里，如果
他有小组的话。

这些员工问题经常会影响病人对于他们内在分裂的恐惧，影响他
们的内在冲突和矛盾。他们会感到问题最终无法解决的观点被加强

了，而这些不能谈论。竞争、嫉妒和其他强烈的情绪体验被确认是无法解决的。病人经常会觉得在参与某件完全不受他们控制的事情，同时他们可能觉得造成这种局面自己也有份。社区上空无助的乌云越来越压迫，逐渐压迫社区的各种活动。

如果员工不能用言语来明确承认关于员工所处困境的幻想或现实，对这种情况的治疗性使用就很困难。然而，这仍然是治疗性社区生活中最重要的特征。这种社区状态触碰到了一种非常原始类型的个人幻想和焦虑——关于生存、疯狂和毁灭的恐惧，以及强烈的内疚和修复。这对于社区所有人或大部分人都是一个重要的治疗体验机会，如果这个体验能被使用的话（也就是被言语化）。

要注意到这种社区士气低落不仅限于社区会议，也扩展到了社区其他活动中，只剩下少数小组没有受到影响。这意味着我们不能自满地说，即使社区本身的状态不好，病人仍然能够依赖某些维持治疗效果的特殊治疗情境：因为不是这样。实际上，不同的特殊治疗小组之间的关系也带有了同样种类的分歧、竞争，分裂成为理想化的"好"和"坏"客体，就像不同小组里的员工涉及的那样。机构整体状态的重要性在分小组中不能被忽视（例如示例14.3，或者示例14.8）。

总　结

社区接纳绝望的人。对于那些把最后的希望交在员工手中的人来说，影响是沉重的。病人拼命地把希望寄托在员工身上，他们对于员工的状态异常敏感，而这种敏感和员工对于自己处在被病人寄托了最后希望的位置的敏感会相互反应。这就势必会导致很多关于失败和怀疑的、没有被表达出来的交流。然而，这种交流对于成员感受社区组织是成功的或失败的至关重要。

第九章

治疗和治疗化

我们会再一次挖掘戏剧化的概念，来理解一般社区进程的一些特点。在示例6.1中，社区会议成了一种"案例讨论会"类型的活动。这里有一个类似的示例。

示例9.1　对个体治疗化

　　经过一些开头的公告和令人昏沉的低出勤率之后，病人和员工之间关于伊恩出现了暂时的分歧。伊恩即将失去他的住所，而分歧在于伊恩是否应该被收入本来就很小的住院部一段时间。员工坚持的观点是住院部不是用来解决住宿问题的，伊恩不应该被收入。接受伊恩的压力降低了，讨论开始变得平淡。员工参与了一个戏剧化的场景，即员工在管理社区。病人被动地接受，这也意味着他们怀有一种带憎恨的无奈。这代表了一种关系，关系里面"员工做决定，但他们不关心我们的问题"。
　　在这之后很快地，詹妮把会议的注意力聚焦到另一个病人凯文身上，凯文当天早些时候告诉了詹妮一些事情。大家邀请凯文向小组倾诉，他说前一天晚上他尝试用毒气毒死自己。他继续说目前和一个女朋友的关系令人发愁。会议关注到凯文的案例历史，慢慢地用问题来提示他，试图找出任何可能抓住的线索。他很难捉摸。尽管显得沉闷和无聊，气氛也比较压抑，会议仍然平静地持续着。

很难表达凯文传递过来的感觉。他不符合对任何一个前一天晚上刚尝试自杀的人如何表现的预期。他告诉我们他自己的一大部分已经被"埋葬了"——被和他女朋友的困难所埋葬。主题慢慢地转向了他的毁灭性。在整个过程中，他不像是一个在热恋中的男人，而是心碎的人，或者没有激情的人。虽然他说话时看上去精力充沛，这也许是强撑的。他努力试图引起别人的兴趣，对他们产生影响，但没有成功。会议一直保持着怀疑，怀疑他到底想给予每个人什么样的印象。会议是个比较空洞的会议，关注在了一个空洞的人身上。

主要的口头主题似乎是关于消除社区某些不想要的部分（在医院住院部里不想要的）。

然而，这个会议的某些特征在最近几周已经反反复复出现过了，也在员工会议中时不时地讨论。其中尤其是会议很长一段时间集中在一个病人身上的这种情况，还有其他成员问他问题的方式被描述为"扮演治疗师"。

在这种会议中，凯文没有得到关于自我的反思，因为他没有得到情感回应。他没有得到其他人对于他的看法。这种持续的提问是同情和好奇的，但是没有什么信息。关于凯文，没有什么东西让人感觉到他是一个真实的人。整体情况处在僵局，带着偷窥和遥远的语调，而且最近许多时刻都很像这样。

在某个层面，一个人被赋予了大量的时间和注意力。从另一个角度来看，似乎这样没有促进有用的心理治疗工作。我们看到的是心理治疗的外观——但实质不是。

在这个示例中，扮演治疗师是一个戏剧化的情形，在这个情形中的帮助不是真正的帮助。在一个空洞的治疗漫画背后，实际上藏着对于会议中之前问题的怀着怨恨的无助感，凯文由于自己的原因也配合了这种治疗漫画。病人和员工两方都在悄悄变化的态度用这种间接的戏剧化方式表达了出来。

这些隐藏的态度来自对先前会议中关于谁做决定、为了谁的利益的议题。这个戏剧化是对目前社区分裂成两个主要的亚团体——病人团体和员工团体的公开排练。对这种分裂状态的昏沉的认知，而没有真正承诺要一起工作，后来被黑暗中的一声哨音掩盖了，这个哨音看着像治疗——其实是治疗化。

当结合一系列三个会议的情景一起看时，会议的防御性变得更清晰。通过这个顺序，社区的焦虑浮现，而逐渐向语言探索靠近。

示例9.2　面对最糟的

会议1是在前面示例9.1描述的会议之前的会议。那是在一个访客日。经过一个简短的对谁是访客的讨论（对有访客在场的否认）后，会议进入了一个没有进展的"面试"风格。在这种情况下，面对苛刻的、不间断和固执的质问，病人利奥呈现了一个宽容的、安抚的态度。在某个时刻一个访客没有说什么就离开了。会议变得更加激烈，他们就好像被激怒了。会议变成了对于他们不认识的访客入侵的激烈且愤怒的抗议。在某个时间点，我做了一个评论，指出对于利奥的关心其实是试图从很明显的对于访客的严重焦虑上逃开。这个自我表达有点笨拙。忽视对利奥真诚关心的可能性很不明智，我的评论可能感觉像是贬低了会议整个第一部分，从而贬低在这些特定情形下试图去表达关心的所有人的努力。当表面情绪是愤怒的时候，使用对于访客的"焦虑"也是不准确的。在这两个意义上来讲，我的评论"过度解读"了会议，没有首先认可表面情绪，也让我变成了那些脱节的员工中的一员。导致的结果是我也被合并进入了集体戏剧化，关于病人和员工之间的敌意和分离的戏剧化。对于访客入侵的愤怒现在变成了对于员工对病人以及对病人情感的冷漠无视的愤怒。会议在强烈的扰动中结束。令人惊奇的是，在之后的员工会议中，有人表达了一些轻松感，因为"面试"风格的治疗化被打断了——尽管现在员工和病人之间有相当程度的分离。这种希望是基于在这个阶段任何变化都比没变化要好的观点。

会议2在前面描述过。很显然，前一天员工感觉到的轻松完全是草率的。会议比以前更决绝地跌入到了治疗化的面试情境。因此，也许员工在这一天对于再次被打断心生芥蒂。会议之后，员工一起讨论了这种治疗化的一些细节。在他们自己的烦躁情绪中，他们开始达成共识。作为一个治疗性团体，他们至少都感觉到他们不是很活跃或治疗没有什么效果。接下来继续聊了一些与痛苦的责任相关的话题。没有很快发现什么好的解决方案，会议就在失败感中默默地结束了。

第二天，在会议3中，员工更为活跃。一开始员工就针对一个特定病人的问题展开讨论——尤其是他的被动性，但很快话题就拓展到关于个人责任的讨论。这个话题在病人和员工之间抛来掷去。这种对于社区进程的意识在接下来的会议中继续讨论。

从更长远来看，转向讨论痛苦的责任是从会议2的戏剧化那里开始的。然而，这需要员工的工作。他们必须面对自己的不足感。这非常重要。在会议2中，无助、空虚和绝望同时攻击了社区的两边——

只有通过面对它，两边才能重新集合在一起。

坚决的治疗化

当病人退回到愤恨的、未得到帮助的角色时，员工会被推动随之进入更加坚定的帮助者角色。

在普通的精神病院会出现一些令人警觉的情景，员工被激发，开始对被动、抵抗的病人强迫进行严厉的治疗，就与上面说的这个过程相关。这些是一个绝望的帮助者的行为。他需要知道他在帮助某个人，即使这个人"宁死"也不愿意被帮助。这个不可能是治疗性社区的情况——或者也可能是（Clemental-Jones，1985）。

实际上，员工可能会经常使用不太明显的方式，来施加一定程度的强迫。在治疗性社区中确实存在不同系统的社会控制（Rapoport，1960；Sharp，1976）。作为一个社区的成员，员工必须去应对不一致。社区是高度压迫还是高度纵容少数行为取决于当时那个社区的人最普遍的特性。而员工也是其中一部分。

员工可能发现他自己以治疗的名义在迫使病人"变得不一样"！行为举止和自然存在是非常不同的存在模式。自然存在是不能真的被控制或审查的，而行为举止可以。一个人是什么样子他就是什么样子，不管他自己多么讨厌这样。

强制某个人成为特定的人，这会引发深层的存在困惑，这只会威胁他们的身份感（Bateson et al.，1956；Laing，1960）。这种形式的强制和戏剧化中个体在社区角色中的圈套有关（例如示例2.2和示例5.1）。强制去接受社区防御，其他人也有对此的描述，例如在孟席斯的阐述（Menzies，1960）中，提到迫使一个医院新招募的护士成员进行内射（见第五章和第十三章）。

对觉察的团体攻击

员工和社区确实有可能被激惹而强迫治疗，要求一个病人"是"（be）不一样的。这种对人们内在世界的改变，是无法一蹴而就的——即使是为了安抚一个员工想要助人的焦虑。员工在这方面的紧迫感经常会导致他们寻求捷径。在示例9.3中，这个人内在维度的重要性被忽略，他的行为被强制而没有考虑他"是"什么样的。

一个日间社区每天早上都需要很费力地重新组织起来。早上对于时间的一些控制必须建立。对于一个特定的病人，迟到被简单定义成一个坏习惯，而要求重新训练他。

示例9.3　坏习惯的谜团

一个25岁的男人由于持续地睡过头和迟到被社区注意到。这被定义为坏的、需要改正的一个习惯。社区随后决定把他收入那个小的住院部。在住院部，他可以养成按时睡觉和工作的新习惯。这个任务失败了。尽管他后来能够早点醒来，但他只是在住院期间这样做了。当他离开住院部再成为日间病人时，他马上就恢复旧的行为模式。

他自己也很有压力，觉得这么昂贵的治疗（全天候护理）提供给他，仅仅是为了改正一个坏习惯——尤其当这个治疗徒劳无功时。实际上他的睡过头是一个积极的、有动机的症状。这对于他生活的整体来说是有意义的。他通常非常担心会浪费宝贵的资源。他不仅仅浪费了他自己的生活和医院的努力，也浪费了他的工薪阶层家庭如此珍视的大学教育（他相信他的家庭认为这比儿子的幸福更重要）。

在这个案例中，处于关注中心的这个人被要求住院，来明确病人出了什么问题（归因于坏习惯）和应该如何纠正这个问题。这样一系列操作回避了获取洞察力的工作，否认了内在世界。这是从这个社区正常的心理治疗位置的一个激进而短暂的偏离。它被合理化为行为矫正治疗，但在这个社区里其实是一个防御性行动。就像其他形式的强制和管教，防御的对象是员工想要快速有一个安心结果的迫切需要。从病人的角度来看，一个更简单和更容易的治疗承诺可能会被感激地接受。从集体的角度，可能想要去避免对浪费感觉的痛苦检视。在这个时候，国家医疗服务体系（NHS）的护理权威在质疑这个住院部的经济性和治疗的可行性。一如既往碰巧的是，社区能够把一个对处理这种要求，并达到快速结果很有经验的大师推到台前。

把症状重新定义成坏习惯十分常见。库珀（Cooper，1976，pp.101-102）对于晚睡持有同样的态度。在这里我不是在质疑行为矫正是否有效。这里的问题是，想在这个社区尝试行为矫正的决定是非典型的，是源自员工和病人强烈的情感推动。这种重新导向强烈暗示了这是潜意识防御。我将此命名为"任务漂移"。

一旦社区任务或社区部分任务被定义了，应该弄清楚何时发生了任务漂移（Rice，1963）。然而在实践中却没有那么容易。我们现在知道，人们有可能盲目地被卷入社区进程。采用一个偏离的任务只是戏剧化的另一种效果。一旦人们被卷入其中，他们往往看不到已经定义好的任务。戏剧化提供了另一种视角来看社区。因此"治疗化"是一种戏剧化，涉及从探索个体对社区的体验这个真正任务的偏离。其中的防御特性在第十一章（尤其见图11.4和图11.5）中会进一步探讨。

遁入活动中

与秘密改变任务类似的是社区进展中另一种动作：遁入活动中。

它与戏剧化类似，同样是为了外化和否认内在情况。就像突然采取行为矫正方法一样，逃入活动中也是完全沉浸到体力活动中。对体验和情绪状态的反思被一种有效的活动排挤出去。

示例9.4　容纳病人

> 社区会议主题有几天时间不断回到艾薇身上，以及为她寻找容身之所的实际问题上。随着讨论的继续，日子一天天过去，病人却没有找到任何居住的地方，对这个话题也越来越沮丧。似乎有一个未能表达的呐喊——"在这些会议的讨论中我们什么也没有达到"。这暗示因为社区没能达成任何实际的结果，成员很挫败。然而这也可以看作对一个需要言语化的关系的戏剧化。结果确实证明，反复朝向解决住宿问题做出的动作注定没有结果，因为它是用来表达其他感受的。实际上，当时的主题是去容纳病人的感受（也许也有员工的感受）。

艾薇的住房问题表达了容纳压力的失败，以及在此之上，因为没有意识到容纳失败的感受带来的越来越大的压力。

这种遁入活动在外在世界可能很有成效。但是如果活动的结果只是按活动本身来评估成败的话，人们经常会觉得被轻视了。在一个治疗性社区里，心理治疗设置内有很多外在活动，因为成员必须安排事情、照料社区。活动可能很容易披上防御的外衣。社区暂时的实际需求变成了戏剧化所锚定的挂钩。由于防御隐藏了很多紧迫的感受，所以该活动就充满活力和动力。但这是有代价的，代价就是扭曲现实，尤其是扭曲内在情感世界的现实。

在更大的社会中，可能仅仅基于与真实情况关联很微弱的证据，就有大量的能量投入高度活跃的诉求中了——例如战争。这种能量能够将团体和社区紧密地团结在一起，而且疯狂地活跃。其中的源头可能是一种凝聚力，来源于团体中需要防御他们生活中共同的沮丧和失败的感受。

无论如何充满能量地去追求，"做点有用的事情"本身都是不够的。它必须是对主要任务的一个实际贡献。一个治疗性社区必须面对共同生活所制造出来的沮丧和紧张，并从中学习。尽管如此，大部分成员在有些时候还是会投身于对任务的防御性逃避，会迫切想要去转移以及"做点有用的事情"。继而任务就会漂移，社区就对自己内在世界的觉察进行了一次共同反思。

使一个治疗性社区变得活跃并没有那么难。许多人都能骄傲地宣称做出了根本的改变，将病房气氛从"蔬菜仓储"转向以前那种对长期同院病人康复的积极渴望。米勒和格温（Miller & Gwynne，1972）描述了那些永久残疾人疗养院的员工面临的可怕任务。他们展示了由于员工的防御性需要，文化如何成长起来。照料的任务要么变成了强制病人完全依赖，要么相反地，要建立痛苦且过于有野心的独立性。必须要小心地将这类机制的好处，与目标有限的实际任务的好处进行对比评估。

职业治疗师不再单纯为了活动本身去推动活动。治疗性社区的首要任务必须是治疗性的，活跃性只是视情况灵活调整（ChristiIan & Hinshelwood，1979）。

总　结

认为帮助永远不足的这种绝望感，在由崩溃的人组成的社区中非常普遍。在社区层面，通常采用集体戏剧化的方式来应对它，这种戏剧化的一个示例就是模拟治疗形式，我称之为治疗化。危险的是，它为员工和病人都提供了逃避机会。两种相关的逃避类型是任务漂移和遁入活动中。

第十章

失败和典范

来到社区的成员或多或少经历过完全的崩溃，没有能力管理他们的生活或完成目标。因为各种各样的原因，他们是社会中的失败者。不管他们对于当代社会的价值有什么样的观点，这种失败感深深地扎根在他们的人格中。

他们来到社区，至少有一个急迫的要求就是治疗性社区能够容纳那种失败感。就像我们后面见到的那样（在第十九章关于社区人格作为容器），有不同的方法来帮助成员去应对他们自己的感受，即那些没有达成对他们来说的重要目标的感受。他们第一个要求通常是摆脱所有感受。期望有另一个人替代他感受失败感。那个人可能是社区之外的某个人。更多时候，员工会被迫去直接体验这种感受从而来了解它。

充斥着失败感的社区可能会在不同时期感到难以持续下去，社区经常把这种恐惧共同投射到外部权威身上，认为他们毫无价值。在一些事例中，外部权威已经查封几个——也许是在与社区本身一起共谋的戏剧化。当然，某些事例表明权威只是做出反应，来确认社区内部丧失信心（Foster，1979）。对于社区来说，这种无助和失败可能确实基于现实情况。然而从更大角度来看，这是一种外化，因为我们有很多病人聚集在一起，对于这些病人来说，失败、无助和无望是他们内在世界的基本元素。治疗师非常直接地了解这些感受：

> 我最终必须得出结论，无助和无望的感受是我作为一个治疗师不得不承受的重担，而我并不是唯一体验到它们的人。我也开始看到，这些感受在拥有共同点、特定类型的病人中体现的强度最大。而且尽管有美好的意图，我还是发现自己也反复处于无望、无助和愤怒中（Adler，1972）。

这样的病人不仅仅通过移情重复这些信念的过程，来反复打击他们的治疗师，令其感到无能和失败，他们自己则会聚集在像治疗性社区这样的机构。

不管社区到底是什么样的，病人会把社区体验为一种失败。另外，他们可能把治疗师带到同样绝望的境地。员工和病人可能会对社区以及个别病人的治疗前景产生螺旋向下的悲观预期。为了对社区保留一些信心，员工和病人不得不采取孤注一掷的手段。员工可能会冲动地把失败推回到个体病人身上——"他们是真的失败，就是这样"。

示例10.1　恐惧统治

> 在一段时间里，日间社区的情绪被资深员工的假期所左右，当时有几个人出院。一个精神科医生休假回来以后，别人告诉他："大家都还活着！但是因为社区收紧了合同和出勤率，很多人都被要求出院了。"实际上，一个又一个要求出院是因为他们不能"使用医院"。这个诊断与强烈要求严格遵守纪律有关，这些标准涉及使用医院，不仅仅包括良好的出勤，还包括期望成员能够用言语充

分表达自己。某些传言越演越烈，比如："除非这个人说很多话来告诉你，否则你什么都不知道"。成员还被要求表现出持续愿意的态度，甚至当他们表达厌恶、不情愿或愤怒的时候。对于一群有困扰的人来说，用语言表达潜意识内容也是很困难的。我们看到过诉诸戏剧化，经常也感到这没什么希望。任何这样的社区都无法解决，只能发现不断有人达不到这些标准。一个"恐惧统治"随之发生。四分之一的成员由于失败被结束治疗出院——人数从36下降到27。

这不是轻易发生的，社区因为通过与那些出院的人认同而弥漫着大量的焦虑。愧疚围绕着这样一个问题，即是否有什么病态的动力在运作以至于没人能够有效控制。人们感到恐惧，担心有什么东西全能地在进行破坏，而人们感到对这个东西负有责任。

一些资深员工的回归把社区带到一个完全停滞的状态。社区有很强烈的被动感和拘束感。在资深员工回归后，之前把病人分裂成资深成员和其他人这种方式，使所有病人都成了低层成员。士气彻底降低了。

这里看起来发生的是，面对"事情可能很困难"这个现实困难。有困难时，他们被要求出院了——以病人的形式。然而接下来的问题是他们并没有完全消失。病人走后，他所代表的问题依然存在。那个被结束出院了的"困难点"复仇回归了。那个困难现在又增添了内疚感和失败感。为了应对这种情况，病人就会再尝试结束治疗，但是又带来了一个相似的回归。一个恶性循环开始了，把每个人都困在一个不开心的进程中，而这个进程似乎已经失控了。

这个过程之上也叠加了基于某个"使用医院"想法的理性方法，其中包含对社区直接说出个人的感受和痛苦。但这种方法本来就为了解决病人不能言语化表达自己的内在情感这种问题。他们只能戏剧化；通过一种无助的方式，很多人变成了他们被迫终止治疗的共犯。

想要把资深病人看作另外一类的行动失败了。尽管它成功地"做成了某件事"（那些结束治疗出院事件），但是没有人真的想要对此负责。想要控制成一致性的努力越强，社区就越感觉好像事情失去了控制。把社区从这种灾难性的发展中解救出来的唯一办法，就是赋予回归的员工一个神奇的领导角色。失败、内疚、责任、全能和神奇之间的相互作用很重要，会在第十一章总结（见图11.2）。失败引发了对某种神奇而全能的东西的渴望，引发了一种幻觉，认为社区就像需要的那样神奇。当幻觉破灭时，在失败的感觉上加上了内疚。当责任愈加变成对无望的、失败的责任时，它的重量越来越无法承受，需要一个更加神奇的专门机构去纠正它。这种类型的问题反射到了员工身上。对他们来说，社区代表着他们未来在职业和生活中有一些成就感的希望。对抗个人不安全感的信心通过成为一个成功社区的员工得到加强。那种对个体的支持随着社区一起减弱。对于某些员工来说，他们自己早期的无助、失败的感受隐藏在想要治好、治愈和改变别人的雄心和全能信念背后。他们通过把幻灭传递到整个社区；通过责备一个具体的人——或者不正常的人、病人或者控制的领导者；或通过放弃治疗性社区的方法，认为其根本无用，通过这些方式他们经常能够把对自己的幻灭放在一边不用体会。这些策略都是试图甩掉失败感。

治疗性社区蓝图

与强烈的失败感密切相关的是，病人对全能感的需求和员工自己的全能幻想之间的相互作用。这种"神经症性的契合"总是出问题。如果这个没有反复地被承认和指出，像"恐惧统治"这种沉重痛苦的感受就会笼罩整个社区。

　　成员把自己从无助和失败的压力中解救出来的一个重要方法，就是回避到一种从体验中撤退的态度。有些员工像病人一样，可能会彻底离开社区。另一种可能性是从情感上撤退。

　　病人被动的态度反而有可能是通过申请一剂治疗来表现的。同样地，员工可能"开出一段治疗性社区的治疗"，就仿佛治疗性社区是一种药。治疗性社区被看作一个治愈过程，在病人被动的逗留中作用于病人身上。这个观点认为某种恰当的组织，根据某种蓝图事先做好计划，然后建立并运行起来，好的结果就会从这个社会机器中自动流出来。

　　这个是社会工程的方法。如果有可能实现的话，这种直截了当的方式倒是值得考虑。但事实上不可能一系列要素放在一起就能够组成一个"标准的治疗性社区"，也不可能像药物一样用到一个病人身上。这完全是一个防御性幻觉。像所有心理防御一样，它令人信服地蒙蔽了那些身处其中的人。有很多人努力尝试去定义一个合适的治疗性社区应该是什么样子，但是他们给出的定义差别很大（Kennard，1983）。唯一实际的典范就是不应该有典范。

　　社区的存在是为了找到它面对问题的解决方式。因此，有一些任务社区必须自己组织起来去做。怎么去做就是每个社区特质的表达。

　　社区里成长起来的组织，是社区为解决问题所作决定的结果。作为过去问题的解决方案，每个社区的组织都是自身历史的结晶。一个在运作的组织，它被设计出来就是为了面对当前的问题并适应它们，而社区只有一个确定的原则来指导个体和社区之间的关系。这个原则就是面对每个人的个性化。

　　治疗性社区的态度和社会工程方法截然相反。把病人置于治疗过程，与之相反的是和某人一起去经历他最恐惧的事情。去"制造"一个理想的治疗性社区就是去拒绝改变的过程，拒绝构成这个变化的社区里个体的发展（Jones，1982）。

它否认社区"是"构成社区的个体的集合。两者之间存在分歧，而好奇心被扼杀了。忽视个体与社区之间的关系，主要是为了避免对关系感到无望的痛苦。这也强化了在个体内在的一个分离。当他把自己的某个东西投射到社区时，这个东西就丢失了，因为作为社区的一部分，在根本上它变成了另外的东西（Hinshelwood，1983）。个体的身份被剥离了——正如治疗性社区所反对的过去制度化过程中发生的那样（Barton，1959；Goffman，1961）。投射性和内射性认同之间的灵活互相作用被打断了，取而代之的是持续的、对于投射一边的过度倾斜。

这个过程可能方便病人从他自己痛苦的内在世界寻找解脱。如果机构提供这种与他自我的分离，他可能感觉更好。然而，他最终会以一种奇怪而固执的方式依赖一个机构，而这个机构捕获了他身份的大部分。他持续绑定在一个机构上，这个机构则拥有他自己分离出来的一部分！

旧精神医院的制度化是一个防御性病人和员工病态附着的过程（Hinshelwood，1979）。简而言之，病人失去了自我中使他们感到完全无望的那部分；员工与无望感脱离联系；双方都觉得无望感太多而难以忍受。

对于理想典范社区的争论引发了本书中对于社区防御性操纵的描述。然而，其他外部压力也要求有一个标准蓝图。尤其是拨款部门更喜欢看这种制造出来的计划，它能够被量化、计算成本、最终被科学地测量（Manning，1979）。专业诊断和处方的医学模型经常和治疗性社区仅仅因为临近而纠缠不清，病人、管理人员以及接受医学训练的专业人员把这种思考的模式带了过去。

总 结

有很多试图通过戏剧化避免失败感和绝望感的方法，一种方法是去导出它。试图以病人的形式"结束治疗、出院"的示例展示了社区能够如何极度毁灭自己。另一种方法是把过程机械化，基于一个理想治疗性社区蓝图建造社区，然后在不认可个体、不与个人体验共处的情况下应对这些个体。

第十一章

士气和士气低落

士气必须建立在严密而准确认识现实的基础上才能有效。在治疗性社区中，这个现实就是能为治疗中的病人做些什么，尤其是出席的病人。

士气是团体或者社区在现实基础上维持对其自身信念的能力。众所周知，团体信念变化无常。社会心理学的经典实验充斥着这类示例。谢里夫（Sherif & Sherif，1961）、阿希（Asch，1952）、梅奥（Mayo，1933）和米尔格拉姆（Milgram，1963）是社会心理学中这个基本主张的代表人物。阿希指出个体更多的是被团体压力所左右，而不是基于自己的判断。他阐释道，一个人无法独自坚持反对团体的意见，即使这个意见与他自己的判断相反——即便这个判断是类似于一条线段的长度这类的客观事物。米尔格拉姆指出更可怕的是，当处于胁迫的社会压力下时，实验被试会愿意对人们实施危险剂量的电击。费斯廷格等人（Festinger et al.，1950）强调，团体带来的影响更大，特别是当事关信念而不是客观判断时。

当存在一个客观、可测量的输出时，例如工厂产量、年度盈余，士气会更加稳定。可以理解，传统精神科执业会寻找客观和可测量的输出，例如症状的消除、行为改变、复发率，甚至一个机构里病床数量的降低。这些是针对飘忽不定的士气经常使用的支持手段。当最终结果是像关于一个个体的人格变化（尤其是他人格的潜意识部分）这样无形的事物时，团体信念很容易发生不稳定的变化。什么样的作用力在影响这个团体信念的系统？

在这一章，我们会看其中一个类型的因素：那些已经以戏剧化浮现的情绪。它们扭曲了对社区有效性的信念，认为社区要么是全能的，要么是失败的。

士气和士气低落的组织

拉波波尔（Rapoport，1956）注意到一个社区凝聚性和个体对社区忠诚度的周期性变化。他把这个称作"摇摆"——一个与机械的类比。早期形式的动力引擎在速度和动力方面变化很大，有时候要去"搜寻"一个稳态。虽然这个工程的比喻不是很优美，但是为了说明社会组织的动力也存在同样的问题。就像我们看到的，社会机构可能会去搜寻奇怪又不切实际的结果。

这个任务，以及对任务可获得性的感受，对一个组织的成员有着深远的影响。孟席斯强调了定义现实功能时清晰度的重要性：

> 很简单，除非机构的成员知道他们应该做什么，否则他们能有效去做并从中获取足够满足的希望很小。缺乏这样的定义很可能会导致机构中成员的个人困惑、人际和小组间的冲突，以及其他不想要的机构现象（Menzies，1979，p.197）。

这是一个对在大型精神病医院的经历的恰当评论，也是对一个士气低落的机构的典型描述（Hinshelwood，1979）。当多个不同功能之间有冲突时，或者提供的资源不足时，个体就会承受痛苦（Bott，1976），并在工作满意度和与同事的工作关系上出问题。员工感到无法胜任职位，担忧无法完成工作，经常难以指出具体问题在哪里，尤其是当潜意识驱动的逃避导致潜意识的功能漂移时。最终他们能够意识到不胜任和不满足感。

这种不确定性随着时间会侵蚀员工整体的信心。他们可能开始看不清他们在组织中的角色。最终，他们可能会寻找增强自己充足感和价值感的角色。与此同时，他们会转而被其他类似寻找充足感和价值感的人所侵蚀。

摩擦和特殊形式的竞争涌现出来。员工不再感到安全地嵌在组织的顺利运行中。他们通过贬低组织中其他人的努力增强自己的充足感。他们不支持彼此。取而代之的是，他们贬低其他人的努力，从而让他们感到自己更好。每个成员都试图通过自我标榜来获得更多的机会和资源。

这种持续的相互贬低也伤害到了其他人。贬低、批评的总体氛围会带来不被赏识、不被感谢的总体感受——恰恰在需要互相支持的时候。缺乏被赏识感导致怨恨的敌意和更强的诋毁。每个人都努力为他自己工作而不是为组织。他自己是唯一能够赏识、感谢他实际成就的人。

保护自己心理生存的迫切需要进一步驱动了自我欣赏。组织的士气低落和个人的绝望往往结伴出现。

个人的困境致使个人开始攻击机构本身。机构被严厉地批评为太过松懈和没有效率、太武断和专横。无望感在发展，由于没有人感觉到自己被听到或者被支持，大家都变得满不在乎。任何事情出问题都会产生个人的不满足感和微不足道感，因此导致了对工作的憎恨。尤其是当不了解这种风气的病人认可护士很重要时，护士反而会憎恨病人，因为病人提醒了护士自己的不确定性。这个极度的痛苦可能会使护士进行言语攻击，有时候也有肢体攻击。如果管理人员不能通过马上满足他的要求和拨给他想要的资源来确认一个人的价值，管理人员同样也会被憎恨。反之，管理人员淹没在人们为了使自己感到重要提出的要求中，忙于去满足各种要求好让人们感到自己的重要性。

对于在这样一个组织中的个体来说，一种困境是感觉不到有任何东西可以与其形成联盟。事物的核心只剩下一个缺口和一种空虚感。在这个缺口中，每个人都为他自己。但这并不是宽容的社区自由，而是一个虚假的自主。在组织破碎的剩余部分中，个体可以比较自由地去做他想做的事，然而他得不到认可，他的行动只是偶尔碰巧为整体做出贡献。

这种极端的士气低落状态对成员来说很难应对。尽管这在传统的精神病院里很典型，但在大部分治疗性社区中时不时会看到这种急剧的碎片化、加速的绝望和不安全感。本书剩余部分中很多内容与这些重要的社区状态有关。

个体有不同的方法在这些状态中生存。第一，一个特征性的方法是创造个人王国，即组织中自治的部门或分小组。为了增强个体的安全感，他在身边聚集他所能聚集的。就像我们在第四部分中会看到的那样，在这些小组中会发生奇怪的事情，因为一个分小组试图去维护它自己的重要性而牺牲另一个分小组。第二，在像临床工作的其他领域，存在对医院目标的不恰当的攻击性诉求。我们看到过建立的伪治疗类型的会议（见示例9.1）。第三，许多人不参与，他们没有直接离开，而是用距离来减弱压力——参见上一章提到的防御性蓝图设计者。其他幽默感强的人把他们自己的沮丧转化成了绝妙的故事，来娱乐朋友和熟人。这可能会作为茶余饭后很好的谈资。这种游离在边缘的态度的一个变种是，采取一个学术视角来写有思考的文章、论文或书，其中充满了现在已经中和了的、有距离的沮丧和不安全感。第四，从当下时刻再发展一步，是去参与到某种政治活动中。在这种活动中，人们变得愤怒而不是觉得有趣，要求应该要做些什么事。缺乏清晰的领导可能会通过恼怒和威胁，激发一个特别死板的统一抗议，来代替凝聚力。第五，最后一种主要的方法是去寻找治疗性的出路。这意味着去面对体验而不是逃避它。

个体对他们认同的组织所处的状态尤其敏感。一个小组、一个社区、一个机构或者一个行业组织各自都要求某种忠诚。成员以各种不同类型的认同来回应。在士气低落的组织里，忠诚是一个特殊且不一致的类型。往前走的信心经常已经在摇摆了。成员留在那里只是为了表示友好，对组织及其表现保持轻微关注。可能会对出错的地方充满深情的蔑视，好像这很平常——早在意料之中了。大多数情况下，掩饰在幽默之下，使得最贬低的态度也显得好像无害。然而，这些笑话也确保了组织的每次失败都变得众所周知。这种幽默令情况的严重性难以被分享。这是一种威胁性的霸权，阻止个体站出来反对这种幽默态度。每个人都被迫分享更多的故事。所有的成员一样分享共同的绝望，但是都把它当作笑话一样，满不在乎。

有时候组织短暂地变成每个人祈祷想要的全能答案，但是这种情绪不会持续。这种对组织的信心可能仅仅是一个泡沫。它不是对士气问题的真正回答。泡沫的破裂再一次启动一直都在运作的分裂和相互的投射系统。士气于是开始了另一次螺旋向下。

士气的两个根源

组织的失败触及了关于碎片化和崩溃的可怕的个人幻想。看起来士气有两个基本的成分——对于社区完整性的信念和有效性的信念。

完整性：在这里的意思是对于社区的整体性的共同信念。拉波波特（Rapoport）注意到，他的社区里的摇摆和重要的社区成员离开有关（这在示例12.1中有体现）。

社区也可能被非常破碎的内部分裂所撕裂。我们看到的一些戏剧化是关于互相对抗的不同分小组之间的剧烈分歧。这些分裂出现的形式是相关分小组中的体验，但是它们有一种客观性，因为一个分小组对于另一个分小组的信念实际上是在另一个分小组的信念和投射的压力之下产生的。

完整性涉及成员划分清晰而稳定的感觉——感到社区中不同的小组是一起工作的。与此相反的信念是认为社区是破碎的。

有效性：与完整性问题紧密相关，这一组信念涉及社区是否有能力去做它设立起来要做的事，而这些信念被强烈的情绪力量所包围。工作可能是基于个人的绝望，而用非常不实际的条件构想出来的。社区必须不断地去澄清能够实现的任务的范围——即使这并不符合期望。它必须防止任务漂移（见示例9.3），这个漂移将工作从看起来太困难的事情上移开，而转移向一些更简单的但不太相关的任务。通常，任务变成了逃避对于无效社区的感受。

图11.1显示了这些影响的相互关系。图的顶端显示了一个自我激励的恶性循环。如果完整性受到威胁（位置1），对于组织有效性的信念就变差（位置2）。回到早先承受痛苦的社区的示例（见示例3.1），完整性被一个变得抑郁的医生所威胁。员工和病人之间的内部边界突然被突破了。结果是对社区能否有效容纳疯狂有了很多疑惑。对组织的信念丧失足够强烈，以至于防御会突然开始运作，而疑惑以戏剧化被表达出来（位置3）。以戏剧化表达出来的投射进一步把社区分裂成茫然的分小组。在那个示例的第二天，一个茫然的员工的戏剧化上演了。当时这种体验是社区分裂成为反对派系，而这进一步侵蚀了对社区完整性的信念（再次到位置1）。

    图的下半部分显示了互相投射系统如何把个人放置于奇怪和困难的情况中。这里反映了被压缩进入社区戏剧化角色中的个体的问题。分小组互相为对方扮演的角色缺乏一致性（位置4）。例如，在示例3.1中第二个会议里，理查德误解了哈莉特，发现自己在一个和他想的不一样的角色中，因此不被确认（位置5）。个体因此很痛苦。个人信心、影响力和有效力的感觉减退了（位置6）。个人信心的缺乏可能在减弱的实际表现中反映出来。这也通过把一个分裂的内在世界幻想投射到社区世界中，导致了在社区整体中的一种无效感（再次到位置2）；也因为对社区的贡献缺乏被确认而减退了。在示例3.1的第三个会议中，两个成员之间有一段关于他们破旧和破碎的家庭背景的糟糕对话——是对在个人幻想中如何看待社区的一种影射。因此图中下半个循环通过个体的个人体验传导到上半个社区循环。

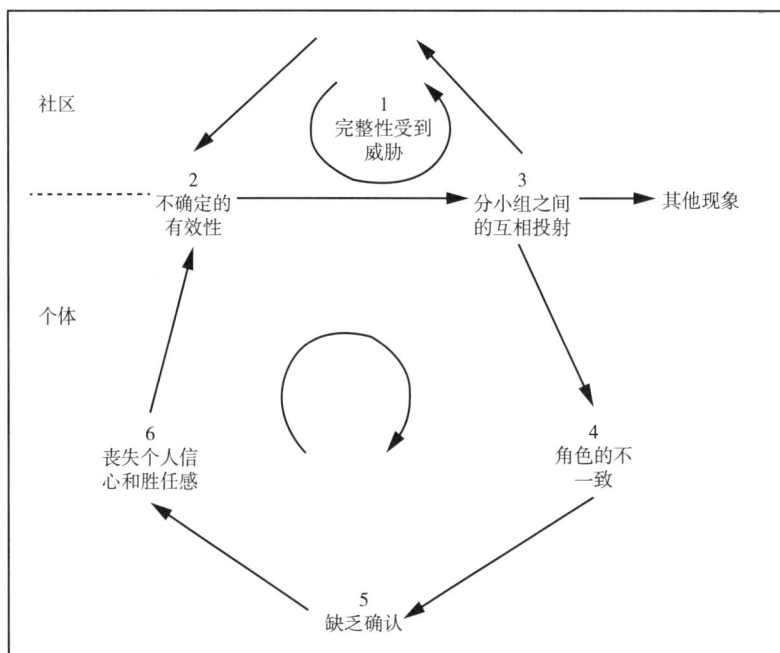

图11.1 完整性和有效性

在代表不同分小组中个体关系的这些循环上面，有个体对于社区整体的体验。这在循环中的点上有涉及。对于社区是破碎或者分裂的体验，实际上也助长了个体自己对于他内在世界的个人焦虑。

如果个体认同社区整体的状态和命运，这也许会引发他的被迫害感受。就像他自己一样，社区看起来在遭受一种毁灭力量的分裂。对其他人来说，这可能是一种对于社区的内疚抑郁。这个"好"客体，作为希望和生命的源泉，被破坏和残害了；就像婴儿躺在它正在死去的母亲怀里。悲伤、内疚和绝望在那时候达到了不可忍受的程度。在这两种情况中，个体的或者集体的原始防御，都在寻求逃避。

全能和再次失败

接下来是一个社区变得无能为力的示例。

示例11.1　残废的社区

凯思琳决定离开她已经参加了几个月的小组。她参与期间，其他人出席也不太积极。后来，那个小组只剩下两个成员及两个工作人员了。她感到要继续参加的压力，但也没用。为了让小组重生，人们决定当新人到来的时候就热烈欢迎新成员的加入。

结果，莉莉一来就被安排在这里。但是在开始参加小组之前她要求暂停一周，因为她的亲戚来伦敦，她需要照顾他们。社区会议讨论了这个，看起来除了同意没法做什么。社区会议无法对她的理由说"不"。在莉莉参加了大概两周以后，她向社区会议抱怨说她不能每周都参加其中一个小组部分，因为她那天下午有课。她声称她一开始同意来社区的唯一条件就是她能上大学。这个要求在一开始就被允许了。因此社区有责任去解决。

在这个阶段，社区处于一个很散漫的状况，没办法解决。这个问题看起来不可能解决；就像这么多人内心都有一个无法解决的困难的感觉。社区需要的是一个全能的解决问题的人。社区充满了绝望。在一个简短而随意的讨论之后，大家一致同意莉莉应该离开小组。当然这是对已经处于困境的小组的进一步扰动。

不可否认的是，莉莉呈现给了社区一个难题。在莉莉被允许进入社区之前做出的承诺在其他情况下可能是可以接受的，但在这个案例中，它成了对忠诚度的冲击。在士气低落的状态里，社区只能诉诸最少的防线——默许病人自己的要求。社区知道这样的例外对于小组有影响，但是忽视了。没有去探究这样的例外对于社区流程的影响。同样重要的是，莉莉和社区的关系只是暂时被提到了，然后就轻易地放到了一边。

莉莉戏剧化了一个关系——用最难的方式把责任传递给社区。当时严重的责任感负担确实是社区的一个问题——尽管处在解决的早期阶段。

在这个时候，这些对于社区多到无法承受。社区注意了所有的点去避免伤害莉莉的感受。这个本身或许是值得赞赏的——除了社区可能受损了，小组也受损了。检视莉莉和社区关系的任务也被损害了。一个40多人的社区无法站起来对抗一个坚定的成员的要求——以及投射——是引人注意的。有人可能会觉得社区被勒索了。通过传递责任感，莉莉唤起了其他人心中的迫害性内疚感。为了避免它，以及安抚莉莉，社区整体作为一种牺牲被贡献出来。如果成员说"不"，他们立刻被指责说是令人愤怒的、反人性的行为。这种典型的戏剧化，即一个可怜的个体被一个没有感情的社区无情地迫害，能与之相比的只有这种现实情形，即一个干练而无情的病人可以使社区残废。

社区共同的冷漠接受了个人要求可以盖过所有其他事（见示例7.2）。任务漂移成了一个对于社区不现实和防御的要求，对社区无效性的信念也进一步加深。这在图11.2中以一个滚动循环来显示。因为任务如此艰难，社区又如此羸弱，任何成功似乎都需要全能性的努力。要让莉莉去为她自己的选择以及对其他人的后果来承担责任，似乎要求得太多，而在社区的能力上打上了问号（位置1）。结果是社区任务很轻易地漂移到了看起来很可能只有具备全能力才能处理的位置——满足莉莉的要求（位置2）。实际上这样一条简单的出路导致了更多的社区麻烦（位置3），而随着士气低落的加剧（位置4）一个恶性循环就完成了。成功滑得更远而不可即，使得任务漂移朝向了更短期的成果。

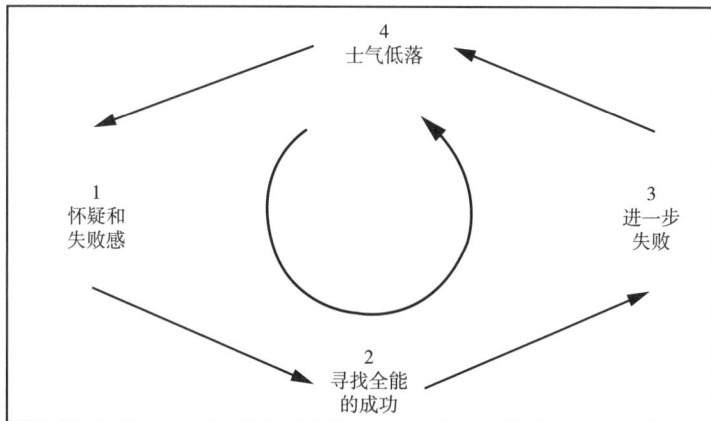

图11.2　成功滑得更远

寻找立即的成功去对抗低下的士气，意味着对现实认知的逐渐松懈。在这个示例中，现实变成了仅限于莉莉的要求，并匹配以认为社区善良和有效的防御性信念。

在示例5.4中展示过一个类似不真实的理想化。这个谜团导致了另一个恶性循环（见图11.3）。在位置1它导致了决心去忽视任何不愉快（位置2），到达了一个阶段，即员工觉得病人因为太过舒适而受损（位置3）。所以他们强硬起来（位置4）！他们所达成的是加强了这个谜团（再一次位置1）。

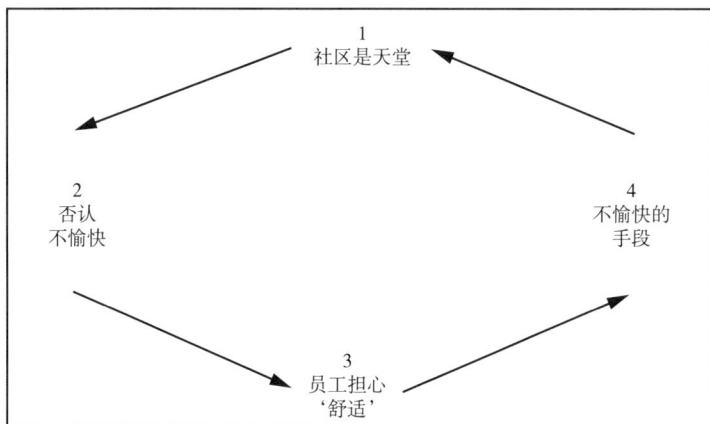

图11.3 谜团——社区是天堂

图11.4显示了去寻找所擅长的事情的一般模式。大多数时候，一个发生漂移的任务失败仅仅是因为社区没有给予好的感受，因此成员都丧失信念。

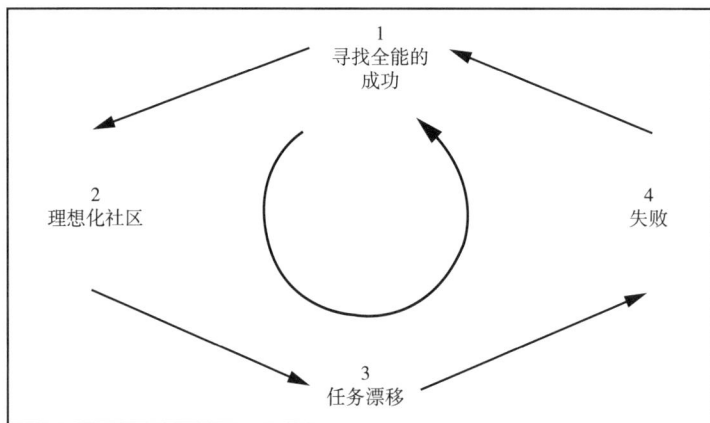

图11.4 社区肯定有好的方面

然而，社区可能存在于两极分化的态度（分裂）之上。这些强调了社区好的方面，对比于其他坏的方面——药物治疗，或其他机构例如精神病院。这可能毫无根据；或者现实可能提供了某些证据来支持这些信念。社区看起来终于成功了。它是不同的，比那些更差的治疗方式或者治疗机构要好。

任务漂移发生在相似的自我理想化循环中（见图11.5）。在恐惧统治（见示例10.1）中，社区把它的一个分支任务——结束治疗/出院——执行到底，用来展示有效性，并通过使社区治疗看起来有效、赋予某些病人效能感来提升士气。不可否认，结束治疗/出院是社区任务的一部分，但是在这个示例中它被提升为整体的任务。在一个偶然成功的社区活动之后，尽管人们一直怀疑出了问题，但要控制住局势却越来越难。

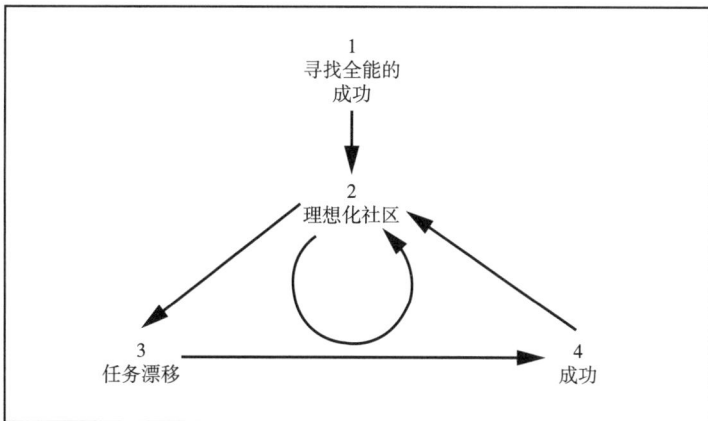

图11.5　终于有了幻想的成功

最后，图11.6显示了在治疗性社区和某个小组之间，分裂是如何被互相使用的。在示例14.1中，一个大型精神医院的一个病房采用了治疗性社区的原则。但这个变成了所有病房去增强自己优越感的机会。治疗性社区病房感觉它是最好的，仅仅因为它是个治疗性社区（位置1），但是这威胁到了其他病房（位置2），这些病房的回应是贬低治疗性社区病房（位置3）。这样强调了不同点（位置4），而治疗性社区病房把它合理化为他们优越的证据——因为他们与众不同，所以他们就是更好的（回到位置1）。许多其他示例可以用图形方式来阐述——例如示例9.1；在第八章中描述的在员工和病人之间许多有问题的关系也可以这样阐述，这里的讨论认为员工是移情对象。

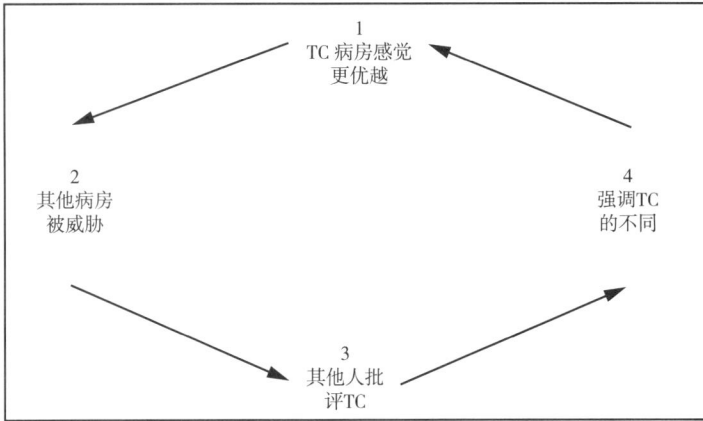

图11.6　小组间投射

这种通过寻找一个更简单的任务，来应对士气低落感受的方式被称作任务漂移，而当主要（或者适当的）任务比较晦涩、不容易用语言来定义的时候，或者当完成这个任务的资源不足、无法满足员工需求的时候，特别容易发生任务漂移（见 Menzies, 1979; Hood, 1985）。

下一章会把这些循环应用在一个延伸的示例上，来阐释一个长期的士气低落的事例，以及社区如何努力摆脱了这种情况。

总　结

个体的绝望和对于组织的绝望相辅相成。在一个士气低落的组织里的工作体验，和一个走到了生命尽头的病人的体验差别并不大。当看起来没有什么进一步的办法来改善情况时，会认为只有一个全能的帮助者能解决困境。全能的帮助者从来都不存在——所有的资源和技能都是有限的。对于病人和员工双方来说，逃避比去面对更有吸引力。对士气低落状态的正式分析系统性展示了戏剧化如何促进一个恶性循环，而这导致了一个自我挫败的士气低落状态——一个士气低落陷阱。当停留在戏剧化模式中时，被激活的角色和关系会致力于绝望地寻找全能的帮助；它们会制造带来更多绝望的情况。

第十二章

逆转士气低落的循环

我在这里试图去梳理在病人和员工之间、病人内部、员工内部，或者其他分小组之间一些混乱的地方。这个示例有必要仔细描述。

示例12.1　拯救士气

在相当长的一段时期内，社区内的士气低落表现为在社区会议中长时间的沉默、散漫而短暂的对话，以及弥漫的无意义感。出现暂时的喘息通常是来自一名员工奈莉的尖锐的评论，而她恰好马上要离开。通常在这个时候，会聚焦于一个特定的人。其他评论会以一种中立的方式表达出来。在社区和即将离开的员工之间存在一个没有被表达，但是两极化的憎恨的感觉。

实际上当时有两个工作人员要离开，奈莉和纳特。整个员工小组感觉一片混乱，最主要的困难是其他工作人员不愿意主动去承担要离开的那些人的工作。很明显这里一部分是对纳特和奈莉的憎恨的间接表达。员工实际上是在说，"不要以为你们的位置值得去填补，当你们走了我们会把每件事都做得不一样并且做得更好"。作为回应，纳特和奈莉倾向于表达各种焦虑，关于他们离开后会发生什么，而去吸引大家注意到事态的严重，就仿佛在说，"不能信任地把社区交在你们手上"（见图12.1）。

在社区里，小组成员间的互动有些不一样。对病人来说，员工处在混乱中，这助长了一种深切的不安全感和绝望感。有一种倾向认为主要的情绪困难在员工内部，而这也并非完全不切实际。

从员工的角度来看，这个骚乱自然被认为是社区的病人那一方的问题。个体总是被置于焦点来代表这个观点——"病人焦虑、不负责任、抑郁"，等等。所有这些或许是真的，尽管员工忍不住要抓住这个机会来投射（对比示例5.3）。

这个时候，员工的问题是把要离开的两位员工的职责重新分配到其他成员中。不负责任，或者害怕无法胜任被投射出去，而由个别病人替员工来表达。对于病人来说，是员工枯竭了、感到焦虑，不负责任地抛弃了社区。双方似乎都不知道对方的假设。只要沟通是基于各自一方的假设，它们就不能被准确地接收到，另一方只会基于其他假设重新解读。这种巨大的分裂形成了一个系统，里面双方的投射互相影响但是不一致。它变成了一个可持续的、自我生成但是自我击溃的社区士气低落的状态（见图12.2—图12.4）。

在这个状态里面，病人被奈莉的尖锐评论置于焦点，而其他人与他们认同，感觉员工把焦虑推到病人身上，而这些焦虑应该由员工解决。因此，例如社区会议中谈到即将来临的离开日期，病人没有体验到这是有用的洞察，而认为这是员工吸引大家注意他们自己问题的方式，看起来是让病人承担责任。病人的错觉产生了一个忧郁的憎恨，仿佛他们被指责不够负责任；或者他们觉得这个责任他们无法拒绝，但却无法承担。任何时候病人试图去帮忙时，由于员工有不同的看法，他们的反应好像是并没有人主动提供帮助。对于员工来说，那种病人提供的协助好像使他们对自己的状态产生了更多的怀疑，好像病人现在也告诉他们，"不能信任你们来管理这个社区，必须要帮助你们"。因此，员工的回应是把问题推回到他们认为应该在的地方——病人那边。他们会打开病人的眼睛，让病人看看自己的错误和问题，如很低的出勤率。结果是，这些病人困在一个矛盾中。为了重建一种安全感，他们不得不启动他们更熟悉的行为模式，然而这种行为模式被解读为他们最神经症性的部分。这种员工和病人的错觉在第八章里关于员工作为移情客体描述过。

社区陷入了僵局。任何员工的贡献都被病人体验为员工想要否认自己的混乱。病人最好的努力被员工感受为批评和潜在的破坏。

这种状态持续长达三个月是很不寻常的，但是这一次，这些态度的顽固性和自我加强的特质非常显著。很难看到有什么出路，而僵局持续时间越长，越多的绝望和士气低落就会聚集——因此投射系统变得更紧张。

在某一周刚开始时，士气低落的问题被提出来，并被有力地放在员工离开、他们离开后小组需要改革和重组的背景下。这碰巧发生在每个月为访客日做准备的时间。似乎有一些社区精神的改革可能围绕这个事件开始发生。在访客日的第二天，员工表达了对访客日开展得多么好的祝贺。在那个季节，天气非常好。人们谈到了春天，员工期待着社区生活的一个新阶段，他们突然感到一种很明显的解脱。病人一定清晰地看到了——员工的士气取决于病人的精神、他们的意愿和配合度。员工的解脱使得病人体验到巨大的责任负担扔回他们身上。还有，这也暗示了一个含蓄的抱怨，暗指如此长时间以来事情如此不满意。员工热诚而执着地认为事情从今以后会不一样，这助长了病人的一个信念，认为员工无法再忍受士气低落，而病人感觉到更大的压力。这种沉重的责任、内疚和对员工弱点的恐惧的增加使病人再次退缩到冷漠的绝望中，对员工以这种方式把这些感受强加给自己，病人感到非常不满。他们把员工称为军士长，认为他们将病人分成工作小组进行操练。整个气氛都陷入前所未有的糟糕状态，当时的社区状况非常棘手。

社区如何能扭转这种局面？员工和病人之间长期存在的分歧，以及他们不同的态度和各自的假设几乎脱节，使得沟通几乎不可能。这种士气低落状态在两个连续的社区会议过程中突然消散。

在一个周四的会议上，一开始谈到病人缺席的问题。从前一天开始的悬在空气中的情绪暗示：那些没有来的人一定不适合治疗性社区，应该被开除。每个人对于这个解决方案都有一些不愉快，因为这不仅意味着要开除很多人，而且让人感觉应该还存在其他解决方法。普遍的观点认为社区要能够帮助每一个到的人；如果我们不能帮助每一个人，那么社区也就不能帮助任何人。会议中询问了那些过去没有出席但是当天在场的成员，他们给出的理由包括生病等。当没有跟进或者质疑这些理由时，对话就减弱了。接下来，波莉直接对劳拉说，劳拉似乎对前一天的某件事不快。那一周早些时候，社区安排了一顿特别的午餐，劳拉在午餐期间承担了一些特殊的任务。实际上，那顿午餐总体而言氛围还可以，除了社区一小部分人出现一点意外——有些人去别的地方吃饭了。劳拉承认了她的失望，感到受伤，抱怨道任何人都没有提前说他们不准备来，于是她准备了四十个人的量，最后却只有十来个人出现。会议中的一些人被问到他们没有来聚餐的原因，给出的原因有菜品不合胃口等。这些理由听起来都非常牵强。然后又指出前一周的一个活动参加的人也非常少，尽管对于那些参加的人来说当时还是很享受的。

社区里分裂的证据变得清晰，即那些参与和负责任的病人，以及那些不投入和不参与的病人。这一点被指出来了。会议上，大家对此有短暂的认同，以及认为在两个分小组里一定有什么共同的态度和信念。之后会议焦点转回到另一个病人玛丽身上，她在生闷气，对于所有试图去关注她并理解她情绪原因的努力，她都表现出蔑视和嫌弃。最后，她说自己准备离开。这似乎使情况明晰了。不投入的小组事实上缺席了。它以戏剧化的形式就发生在我们眼皮底下。现在很清楚这如何严重地打击了社区，并使士气更加低落。员工变得气愤，而病人变得沉默和绝望。然而，这达成了一个共识，对沉重的责任和被抛弃的感觉有了能够去公开、共同地承认的可能。这种员工和大部分病人之间的共同承认导致了新的发展。

社区里病人这边某种事情在发生。注意到这个很重要。病人分裂成了两个分小组。分别对应于针对员工混乱的两种态度：第一种，做出努力去使一种新的一致出现，这种一致之前可能隐藏起来了，现在则显而易见，可以和戏剧化区别开来。那种旧的两个分小组的构成，即病人和员工，让位给了新的分小组。病人围绕责任问题在形成主动的分裂。可以把他们称作A组病人，即那些投入的，以及B组病人，即像玛丽那样不参与的。员工和投入的病人组（A组）共同有被抛弃的感觉。这重新调整了动力，而员工立即抓住治疗契机。

第二天周五的时候，这些新的分小组开始形成。他们吸引了一个新的投射体系，而这个体系把他们放在互相对峙的位置。这个会议一开始，安妮帮一个缺席者贝蒂传达了一个消息，而贝蒂大概有一周没有来医院了。我们被告知，她可能自己单方面结束了治疗，因为她感觉不到社区对她有用。当时有不少关于采取什么措施的讨论。一开始人们建议：贝蒂应该单独见一位工作人员来讨论她未来的治疗，在这里或在别的地方。有个假设是一定存在对她"正适合的地方"。这种乐观（或者全能）合理化了去提供任何可能想到的替代方案。社区好像落入了一种姿态，即继续给某个人机会，即使这个人粗暴对待了每个人。而在这个时候，某些成

员开始变得愤怒。他们反对贝蒂应该被允许离开社区的正常惯例
（她应该参加会议来解释她的缺席，并讨论她在社区中的未来）。
因此愤怒是针对她削弱社区，削弱那些最有责任保持社区运转的
人的努力。接着发生了一段很长、很热烈的讨论——很长时间以
来第一次。争论范围涉及"满足个人需求"对"保持社区组织"
的问题。

周五的社区会议是前一天会议的延续。它试图去了解那些拒绝参
与会议的成员，以及他们这样做的原因。在两个病人分小组之间
进行了热烈的讨论。员工和至少一些病人（更负责的一些）之间
的、没有扭曲的沟通加强了最后的讨论。在会议中，当人们意识
到贝蒂不能期待她要求的容忍和适应时，内疚和被迫害感有些消
散了。通过诚实地意识到一个理想社区不存在，情况得到了缓解。
大家公开地承认这个组的人很容易被拒绝和伤害，而当贝蒂说她
认为这些人对她没用的时候，这些感到受伤的人不可能有更好的
反应了。这是一个重大的意识。它击碎了关于理想社区的幻想。
伴有失败感的、偏执的内疚负担才能够被推向一个更实际的视角。

士气低落陷阱

这个示例揭示了分小组之间的几个互动模式。首先，低士气状态
让人抑郁，并很难对它做任何事。这本身加剧了整体的士气低落。即
使当某件事情进行良好的时候——例如访客日——它也还是很糟糕。
没有出路。其次，这是一个"士气低落陷阱"。一旦进入，似乎没有
出路。一个社区作为整体可能开始一个稳定的向下滑坡，没人知道如
何阻止这种滑坡。

这个螺旋有很多媒介，即第十一章描述过的整个系列的恶性循
环。没有一个很明显的点去干预并终止恶化。这个示例很复杂，带有

几个联动的循环。至少能分离出五个。对于它们的描述，每一个伴随
相应的图，就是这一章剩下的内容。员工自己内部有一个问题：他们
混乱的原因是之前团队失去了两个成员。图12.1展示了一个结果的循
环。剩下的员工在接管社区责任上对自己的职责不明确（位置1），
因此，他们对那些离开的人感到憎恨（位置2）——在那些人离开之
前，留下的员工不情愿站出来去接管他们的工作（位置3）。这使得
那两个要离开的人对于和他们交接的人的能力感到焦虑（位置4）。
他们对剩下员工的焦虑又助长了这些员工的自我怀疑。循环就形
成了。

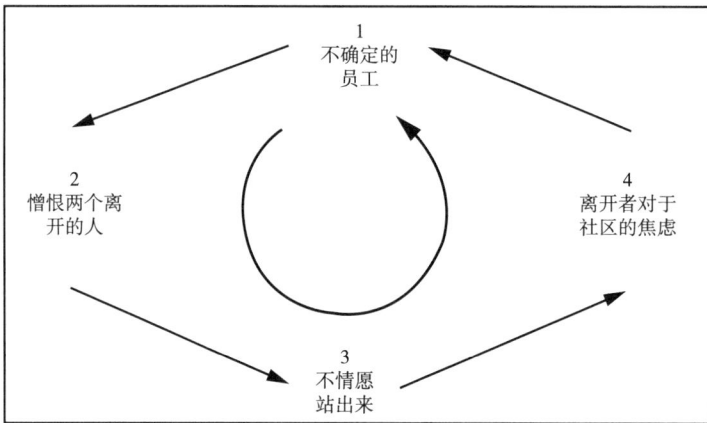

图12.1　不确定的员工

　　接下来两个循环是关于两个分小组的——全体员工和病人。员工
感觉到不确定和被批评（图12.2中位置1），而危机的结果是情绪困
难被投射到病人团体（位置2），在病人团体中被积极地应对。员工
通过"治疗化"个体病人将其戏剧化，热情地把他们放在焦点上（位
置3）。这并没有达到想要的结果。一个无效的治疗结果不可避免
（位置4）。员工只是感到了更少的信心和更多的批评，而这一次是被
病人怀疑和批评。循环返回到位置1。

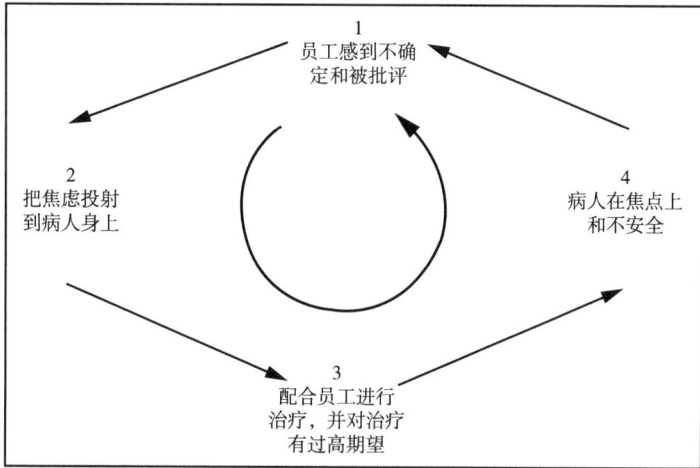

图12.2 员工治疗化

图12.3描述了一个类似的循环，在社区里病人这边。作为员工离开、员工不足、病人内部缺乏相互支持的结果，病人感到不安全和被抛弃（位置1）。他们用员工来进行投射，使得员工的治疗化被体验为员工的焦虑和不安全感（位置2）。病人，或大部分病人，一开始的回应是支持和协助员工（位置3）。然而，对于不确定的员工来说，这确认了他们的不足（位置4）。这最终导致回到了出发点，即病人感到在员工手里更加不安全。

在这上面的两个循环之间有对应，可以总结如下：

位置1：原始焦虑

位置2：原始防御

位置3：戏剧化

位置4：结果

在两个情形（循环）中，戏剧化的结果都比较差。这是戏剧化中没有现实基础的关系的必然结果。从图中可以清楚地看到戏剧化是如何产生困扰的。在员工这一边，进行治疗化助长了病人的原始焦虑（感到不安全和被抛弃）。同样也发生在另一边——病人的戏剧化

（"员工需要支持"）也助长了员工的焦虑（感到不确定和被批评）。

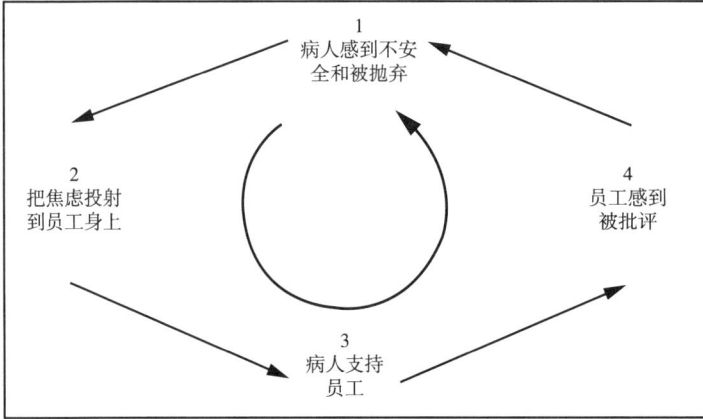

图12.3 病人支持员工

这两个互相影响的循环可以结合到一个图中（见图12.4）。其中记号是在引用图12.2和图12.3中分别的员工（S）循环和病人（P）循环的位置。

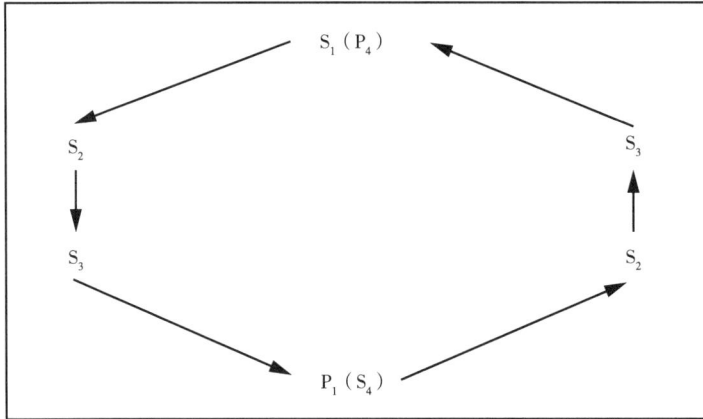

图12.4 结合员工病人之间的互动

社区病人这边有两种不同的态度——我会叫作分小组P（a）和P（b）。P（a）是那些用内疚和全能责任感来回应员工不安全感的人。另一个分小组P（b）感觉到负担过重和怨恨。这两个分小组互相影响，形成另一个循环，可以画出来展示P（b）的憎恨和出勤不足如何助长病人被抛弃的感觉——也助长员工被批评的感觉。

最后，随着时间的推移，P（b）变得更显著，突然之间P（a）和P（b）之间的两极化迅速增长，聚集在分裂两边的投射中，彻底改变了社区。员工和P（a）联合起来（图12.5的位置1），他们一起把无责任感投射到P（b）上。P（b）变成了不投入的（位置2）。员工和P（a）结合为SP（a），建立了一个联盟。他们现在感到安全了，他们建立了对社区的一个更现实的看法。他们能够评估他们行动的能力和可能性。也许更重要的是，他们能够开始去做出对P（b）的现实评估。也就是说，他们能够评估他们对于P（b）的投射在多大程度上符合P（b）真实的特征。

达到一个对于谁能够被治疗的现实的评估，并针对实际的人（位置4）来实施，意味着全能感的幻觉让步了。这些努力并没有因为不断追求一种难以达到的全能感——这种追求只会失败——而流血致死。随着对个人的比较实际的态度出现（位置5），发展出一个针对社区的保护性态度。代价是要面对没有满足贝蒂（对比示例9.2）带来的内疚和懊悔（和愤怒）。最终一个解决方案出现了，即社区能够对贝蒂说"不"（位置6）。在这之前她可能会成为一个戏剧化中的实际领导，这个戏剧化是关于社区弱点、对员工的批评和病人的不安全感。当社区发现自己能够说"不"时，这种力量再一次反馈到循环中——但不是到它的开始。它反馈到位置3，开始了一个在位置3和位置6之间的新循环。这是一个良性循环。它开始了一个从长时间的士气低落陷阱最终走出来的螺旋上升。

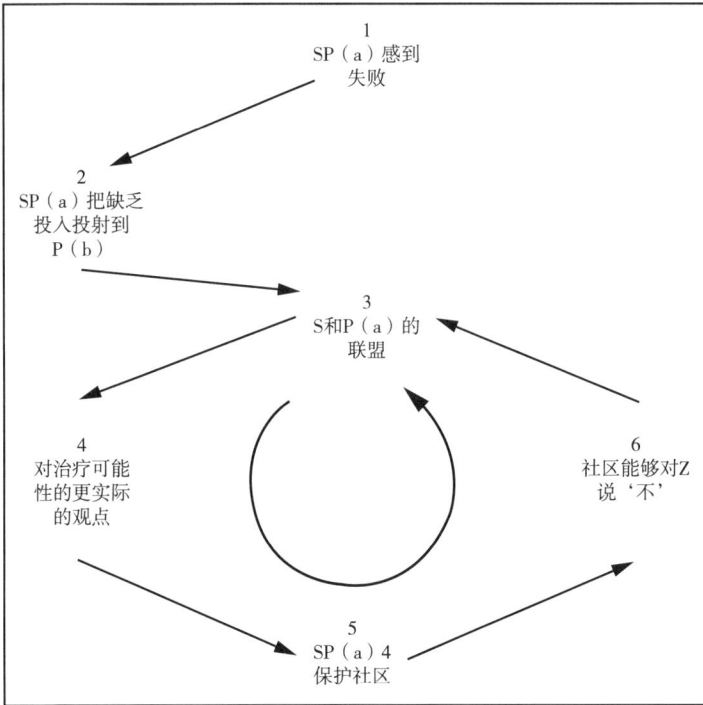

图12.5 终于出现的良性循环

总 结

本章用一个示例说明了在士气低落的漩涡中寻找出路的困难。如上，导致士气低落陷入困境的循环以图表形式表示。一个最终出现的良性循环以惊人的速度再次拉动了社区。使这个循环变成良性循环的因素是员工和一些病人之间新的支持性联盟，以及对迄今为止无法提及的问题的正视，例如谁才真正适合这个社区的治疗。

第四部分
神经症性的机构

第十三章

边界与障碍

弗洛伊德将他发现的个体潜意识理论应用于理解社会现象
（Freud，1913；1921）。荣格则关心集体潜意识这一概念（Jung，
1916）。集体防御这一观点却是在很久之后才被提出来的。

我们已经看到，集体防御的表现极为戏剧化。它们依赖认同的过
程。集体防御以认同过程为基础，这个观点最初是由雅克（Jaques，
1955）提出来的。他扩展了移情的概念，使其涵盖个体与社会组织的
关系。组织构建在个体成员的幻想中。不仅如此，他的先驱工作还显
示了，团体中的人们会发展出共同的态度与信仰，来作为心理防御。
在第五章，我们看到雅克对此的描述，个体会利用社会环境来外化他
们自己的内在世界。这些个体共同发展出对于自己所在机构特征的一
些看法。这有可能是出于防御目的，在这种情况下，他们的看法是以
潜意识幻想为基础的。这种集体的观点是一种扭曲的形式，是对机构
明定特征与职能的曲解。雅克曾写道：

　　机构的形式与内容，必须从两个不同的层面来考虑，即意识层面

明确的形式与内容，潜意识层面想要回避与否认的幻想形式与内容。因为后者完全是潜意识的，机构中的成员无法识别这部分（1955，p.497）。

雅克认为，一堆人组成团体的原因之一是他们集体对某种心理防御的认同。这会给个体带来心理上的好处，即便只是有限的好处。某些原始焦虑（见第四章）虽然被隔离，其代价却是对机构的曲解，以分裂、投射性认同与内射性认同为基调。结果，机构同时为首要任务与个体心理防御两者服务。后者会造成对前者的曲解（我在第九章称之为任务转移）。当一个机构以第二种形式运作时，雅克称之为"社会防御系统"。

一个社会防御系统的个案研究

接着雅克的工作，孟席斯（Menzies，1960）接洽了另一个机构，她将机构的问题看作病人的症状。这是伦敦一家教学医院的护理服务系统。组织报告的问题（症状）是，好的护士学生正在流失，这很令人担忧。孟席斯随后展开调查，先从"症状"入手。经她证实，问题是根深蒂固的，涉及非常原始的焦虑与集体的防御。她注意到，病房内的护理工作是有特定安排的。这些做法被称为"好的"护理工作。不过，这么做的护士，工作满意度却不高。特别是，护士被安排的任务，是出于某些目的的，不只是给病人提供照料。比如，护士要尽可能地跟病人保持距离，避免人际交往。再比如，通过上传下达来转移责任，减轻护士的责任感。

人际疏离是通过分配工作任务来达成的，比如，让一个护士负责所有人的便盆，另一个量所有人的体温。这样，护士就不用接触某位病人的一切了。强化疏离的方法还包括称呼病人时叫床号或疾病、生病的器官名称等。这些防御性的"技术"（孟席斯的叫法）最终被定义为"好的护理"，即一名"好的"护士不介入与病人的关系。这样的系统被正式教授给新学生。

孟席斯表明，这不仅是一种随意选择的工作方式，还起到防御的作用，是焦虑影响的结果。在这个示例中，防御的集体属性尤为明显，因为工作本身包含一种共同的焦虑。刚刚成年的新学生面临的这项任务，需要他们近距离接触一些被病痛折磨、残疾或濒死的病人。这些脆弱的护士内心面临的心理耐力考验，会因为人际距离而有所减弱。

集体的防御是一种非常原始的防御。它们通过投射与内射的机制来回避焦虑，而不是面对焦虑，将其修通，并以此来达到一定的个体成熟度。孟席斯说，"社会防御系统反映了原始防御机制的机构化，它的一个主要特征是倾向于回避焦虑，对于转化与降低焦虑的作用并不大"（1960）。结果是，多数个体实际上都比机构要成熟。对他们而言，成为护士意味着对他们人格的真实禁锢。为了继续受训，他们不得不采纳机构的原始防御。这对于比较成熟的学生而言，是非常痛苦的。因此，常常发生的是，比较好的学生反而中途退出了。

护士无法获得工作满足感，作为一个正常人与被帮助者接触的满足感。他们也没有机会发展出应对自身焦虑的方法。

那么，治疗性社区的成员会将原始焦虑机构化吗？他们会倾向于回避焦虑，以至于焦虑很少被转化并减弱？

戏剧化是一种社会防御系统吗

社区会议的戏剧化或许可以被理解为机构的症状，类似于孟席斯看待问题的方法。戏剧化算是一种社会防御系统吗（由雅克发现，孟席斯扩展的社会防御系统)?

为了进行比较，我应该简要地罗列社会防御系统的特征：(1) 一个社会防御系统具有集体性，会让团体里的人们获益，因为它为每一位成员提供了团体的支持。(2) 它也是防御性的，因为它帮助个体回避不愉快的强烈体验。(3) 这样的保护是有效的，对抗的焦虑极具威胁性、非常原始的。这些焦虑，是一些幻想形式的焦虑，囤积在内心世界中。(4) 对社会防御系统的使用，是一个潜意识的过程。不过，它的形式与内容却被理性地看作"好的"实践(正如"好的护理"的示例)。(5) 该防御仰赖原始的防御机制，如分裂、投射性认同与内射性认同。(6) 由于社会压力而不得不采用一个身份或角色，系统会导致人格受限于这些身份或角色。(7) 就像社会防御系统会给人格带来问题，它也会导致机构变得僵化，因而无法完成机构的目标，也很难发生改变。

实际上，戏剧化也有着同样的特征：(1) 它们具有集体性(见示例5.3)；(2) 它们具有防御性的；(3) 它们对个人的内在焦虑具有防御作用(见示例4.2)；(4) 它们导致人们被困在其中，而没有意识到自己的参与(见示例1.1)；(5) 这些角色代表了原始防御机制的运作，比如说，分裂(见示例5.1)，投射性身份认同(比如，见示例6.2) 和内射性身份认同(比如，示例6.1，示例6.3，示例6.4)；(6) 个人通常被限制在反治疗的角色(比如，示例4.1)；(7) 由于任务的扭曲，制度受到影响(如第九章中所述)。

正如它在社区会议上表现出来的那样，戏剧化显然是一种社会防御系统。孟席斯的护理服务似乎是已经制度化了的一种没有情感接触的客体关系的戏剧化———一种没有情感、麻木、机械的护理。这个外部戏剧复制了一个内部世界，这个内部世界充满了绝望和对他人造成不可挽回的伤害的幻想。

实际上，护理人员只是社会结构的一个方面。孟席斯很少谈及患者及其社会系统。然而，通过与文化载体的接触——护士们——他们的角色是病态器官的匿名携带者，非常被动，没有情感、动机或个人身份。这种被动缺乏活力的角色可能被患者以自己的方式解释，但通常集体的一系列态度可能会通过内射过程出现。

患者能会将工作人员和护理工作理想化，以捍卫对自身疾病和死亡的焦虑。因此，员工充满了巨大的潜力。如果工作人员似乎处于疏离的状态，患者将会合理化这一切，他们可能会认为这是因为他们对这些特别优秀的工作人员的需求特别强烈导致的。

没有必要进一步猜测患者的集体防御。然而，在第十二章的示例中（见示例12.1）已经指出，在一个稳定的系统中，各种子团体之间存在"契合"。在那个示例中，士气低落源于员工和患者态度的周期性交织。戏剧化指的是一个系统，该系统中一个子团体的成员不仅相互内射态度以形成团体身份认同，而且还通过确认其自身团体身份认同的方式内射相邻子团体的态度。

屏障形成

贾克斯特别注意到这种结构未连接的连锁状态。在他自己对一家工厂的社会防御系统进行的研究中，他发现这些子团体相互交流，但没有进行恰当的沟通。他的描述非常清楚地表明，管理层和员工之间的讨论和联合决策是如何因双方的怀疑、敌意和内疚而受挫的，这些怀疑、敌意和内疚来自相互间非常不实事求是的态度（Jaques 1951）。

他总结他发现的方式之一是从组织内部的沟通过程来看，当两个子团体相互投射时，这会影响他们之间的沟通。这种类型的相互投射系统将在示例14.5中进行描述。

贾克斯意识到，该组织根据职能分工被分为几个小组。这些小组之间的交流往往受到限制。例如，在同一车间一起工作的同事之间的交流比在不同车间的同事之间的交流更多。他称之为适应性分割，尽管我们不妨保留简单的术语"边界"。

然而，该组织也因原始防御的幻想而分裂。随后交流以另一种方式被阻碍。由于小组之间受到敌意、怀疑和内疚的影响，他们对另一组人以及与该组人的沟通和他们的意图持续产生误解。这种情感上的假设会严重扭曲或阻碍交流。贾克斯称之为不适应的分割——但更简单的术语"障碍"在这里就足够了。

组织中的普通界限可能会被扭曲成障碍。在没有正常结构边界的情况下，也可能出现障碍（第十四章将对此进行详细研究）。下面的示例摘自戴维·库珀关于他所在的单位——一家大型精神病院的描述（David Cooper，1967，pp.111-112）。

示例13.1　幻想式交流

"最明显的焦虑"莫过于医院沟通过程中的严重扭曲。负责该部门的护士在每班结束时向护士办公室提交的报告。有时这些报告由晚班护理主管交给白班的护理管理人员。每经过一轮换班，这些报告都会被编辑，每个病房的"重大"事件会被挑选出来，最终版本会在该部门医生、社会工作者和护理人员的日常会议的中呈现出来。由沟通系统处理的一个典型事件如下：这个病房的一名年轻男子是女病房里一个女孩的男朋友，一天晚上，她因为病房和治疗有关的问题变得极端不安，这位男子和他的一个朋友试图安慰她，帮助她回到病房，而她却大声反抗，一名目睹了此事的搬运工叫来一名护士，将她带回病房。搬运工通知了夜间护理主管，夜间护理主管通知了该单位并报告给日间护理管理站，后者最终在部门会议上提出来。最终的版本是，该病房的两名男性患者袭击了一名女性患者，这意味着，他们试图带走并性侵她。病房外的员工心中的幻想是：强奸、性狂欢和谋杀，这样的幻想在病房里每天都会发生。

齿轮中的砂砾

个体心理上的扰乱能够渗透到集体中这个观点很重要。有意识地改变系统的努力对这些特征不会产生任何影响，因为这是一个无意识的过程。我们可以想到"一个神经症的组织"。然而，如果把集体比喻成齿轮，把个体的痛苦和防御比喻成齿轮之间的沙砾，那么夹在集体之间的仍然是个体的痛苦和防御。梅因生动地描述了集体和个人之间的这种联结点（Main，1977）。他举例说明了自己在战时的经历，并指出军队中的两个小组可能有相当不同的士气水平和明显的心理障碍。这两个小组的结构是完全相同的——这在陆军手册中是有明确的规定：一些小组中有很多成员患有个体神经症障碍，而另一些小组则有很多缺勤、疾病、精神崩溃和其他病理指标。他得出结论，每个小组都有自己的系统来操作给定的结构。这取决于相关的个人。关键的一点是，一些东西被注入了结构之中，一些更重要但更隐蔽的东西，"结构的运作由个体的行事风格决定"（Main，1977）。这种正式的结构与个体的行事风格之间的对比，对应于贾克斯的显性形式和内容与潜意识幻想的形式和内容之间的对比。

团体结构与人格结构

关于边界及其变迁的观点源自在英国发展起来的克莱因理论，我将这个观点与精神分析的意图一起应用于一项治疗任务。在赖斯的工作中（Rice，1982），他采用了几乎相同的理论基础，但他是在为组织中的"正常"人提供咨询服务的过程中发展的这一理论。在他的发展过程中，他采纳了系统理论，以及各种系统（个人和组织）边界的重要性的理论。

与我的方法不同的是，这种方法基于自我心理学，尤其是由马勒（Mahler，1975）所描述的婴儿心理出生前的原始无边界理论。这些观点已被应用于团体（Klein，1981；Oskarsson & Klein，1982；Greene，1982；Kernberg，1984）。在这些方法中边界是重要的，因为它们代表了自我在主要功能方面的充分性，或以其他方式保持其分离性，并防止其滑回至原初融合中。因此，团队的边界通过团体领导者或员工团队，代表团队成员中自我虚弱的成员得以维持（见Greene & Johnson，1987；Klein & Brown，1987）。例如，见证了"对清晰、强大、明显且相对坚不可摧的社会体系的需求"（Swenson，1986，p.161）。

自我心理学模型的应用与本书基于克莱因理论提出的模型截然不同，这取决于一种观点（与马勒的观点相反），即客体关系从出生就存在，因此从一开始，自我和他人之间就有一个原始的界限。因此，边界问题被视为内部问题的表现。所以有一种观点强调自我维持边界的能力，在目前的观点中，强调自我的结构（其内在的边界）。在自我心理学的观点中，边界的变迁也因此被视为需要控制的团体生活的特征；而在我看来，它们是需要被分析的团体生活的特征。这些边界的变迁不但要归因于聚集在一个屋檐下的脆弱的自我，而且要加以检验，以展示如何及为什么一个差异会变成对立，分离会成为一个僵化的分裂等等。

在我看来，无论一个人在团体中采取什么行动，而这些行动肯定会出现问题，尤其是在一个治疗性社区中——最好先了解问题是如何从创建社会防御机制的投射系统中产生的。

在接下来的几章中，我希望跟进紊乱的社区组织的概念，并展示其各种形式。我将运用贾克斯关于扭曲交流障碍的概念，探索一系列社区现象（Jaques，1982）。其中很大一部分与完整性丧失和碎片化有关。障碍确实会导致组织的分裂及其碎片化的威胁。

总　结

本章介绍了一些用于描述和理解组织特征的概念，这些组织特征因成员的个人痛苦受到干扰。贾克斯和孟席斯已经独立地描述了整个系统被扭曲成社会运作的防御系统的可能性。本书中描述的戏剧性事件类似于并证实了社会防御系统的发现。团体之间使用投射和内射产生的情绪状态形成的沟通障碍的概念很重要。团体之间的关系可以用研究个体之间戏剧化关系的方式进行研究。源于贾克斯关于边界和障碍的概念，有助于理解接下来的章节中探讨的团体现象。

第十四章

反复无常的障碍

前几章描述的过程是闪烁的模式，主要在大型社区会议的无差别媒介中出现和消失。现在我们将社区组织作为一个整体来调查。

从社区会议中后退一步，映入我们眼帘的是一个由员工和患者组成的系统。这整个系统在所有层面上——物质上、感官上、政治上、社会和组织上——都是活跃的，是一个全面且完全发展的有机体，它不是同质的（单一的）。整个系统与它自身的组织结构和功能结构是完全不同的。如果说在社区会议中经常是建立私人之间的关系，那么整个社区中由员工和患者组成的系统是结构不同的部分。在一个多群体系统中，群体之间的关系和人与人之间的关系同样重要。

任何一个团体持续一小段时间后都会发展出一种集体观念，即成为团体中的一员是好的。团体的认同是通过这种集体的态度建立起来了，这样的态度常常会发展出进一步的观点：成为其他组的成员并不那么好（特定的或非特定）。集体观念更进一步的发展甚至可以断言，因为团体的存在，集体观念就有了一个有用的或有益的功能。后面的示例阐述这这一点（见示例16.2）。该团体的目的也许仍未明确，关键是团体的价值和目的是不言而喻的，这点毫无疑问，毋庸置疑。申克（Shenker，1986）指出：一个团体或社区的意识形态具有确保社区成员之间受到高度重视的功能，这将让成员嵌入其中。团体内关于价值和性质的内在信念与其他外部团体的关系密切相关，并受其影响。比如，快速团结一个团体的方法就是去发现一个共同的敌人。

曼宁（Manning，1976）曾指出，从方案的不同部分可以获得不同的价值，以及这种价值随着时间和地点的变化而变化。这点得到许多其他的观察者的证实，比如麦基尼（McKeganey，1986），斯托克尔、鲍威尔和巴特（Stockwell，Powell，Bhat，1986），还有本书中的其他一些示例（例如，示例14.7和示例14.8）。在本章中我们将通过"多团体"系统中团体之间的边界和屏障的角度来检验这点。个人认同并"归属于"组织的一部分的方式受到其他团体的影响，这些团体可能对他开放也可能对他封闭。同样的，他珍视自己和团体的方式也是相辅相成的。

屏障围绕着结构移动

传统的精神病医院的特点是患者与员工之间有一道特别稳定的屏障。我使用先前章节中定义的"屏障"一词，并将在我示例14.1中加以阐述。其含义是该组织作为社会防御系统运作。在图14.1中显示了员工和患者屏障的结构位置。事实上，屏障可以被放置在不同的位置上，这一点我们接下来会学习到（见图14.3）。戈夫曼（Goffman，1961）、凯西（Kesey，1962）和其他一些学者详尽地描述了精神病医院中传统的员工与患者的屏障。在那里他们无法选择属于哪一组，每一方都以特有的怀疑、恐惧、怜悯和内疚来看待对方。这是一种边界，它已经成为一种屏障，并且已经根深蒂固——已经被制度化。罗森伯格（Rosenberg，1970）已经证明它是具有防御性的，与孟席斯研究的系统完全相同。

图14.1　医院多团体系统

　　治疗性社区起源于尝试将病人和员工之间的屏障移开。其目的在于揭开机构中的新生活，这将激发病人的潜力而不是进一步剥夺病人隐形的无能状态。然而，很多时候这个屏障都没有被移除，而只是移动了一点点。库伯很生动地展示了这一点（见示例13.1，这一点在接下来的示例14.1中再次得到了很好的阐述）。

示例14.1　TC病房

　　大卫·克拉克讲述了治疗性社区规则被引入到病房的故事，该病房有着老式精神病院里那种根深蒂固的、刻板的工作模式（Clark，1964）。他说，医生找到了对这些想法表示普遍兴趣的医疗主管，并请求允许将病房作为一个治疗性社区来管理。他和护士长、病房护士、护工和每一位资深的精神科医生都讨论了他希望做的事情。

他围绕社区会议、小组会议和频繁的员工讨论重组了病房。实验进行得很顺利。病人不再抱怨食物，开始谈论他们对彼此和工作人员的感受、他们的恐惧和焦虑，并开始公开面对他们对依赖的渴望和对出院的恐惧。工作人员开始讨论自己遇到的医患纠纷和分歧，互相批评。并修改一些专业的僵化。病房变得更加热闹但不整洁；病房里的工作人员和病人都有些犹豫，对这些变化表示欢迎。

旧的交流障碍正在消失，刻板印象正在消失。在传统系统运作几十年之后，这一切的转变似乎都很理所当然。大卫·克拉克更开心。但是等一下，"医院其他部门的反应很强烈"。他的同事中那些初级医生批评这种混乱以及他们在晚上因患者之间的争吵而被叫下来的事实。他们还向他指出，如果他的追求是事业精进的话，那么把精力花在这群人身上是浪费时间。其他的资深护士对病房护士的态度也很挑剔。医院里流传着谣言，说这个地方鼓励护士进行不道德的医疗行为。其他病房的病人不愿转入该病房。

资深护士的抱怨表明，该服务可能已经发展出了与孟席斯的研究类似的做法，出现了反对消除这种防御。屏障的变化如图14.2所示。虽然病房内的工作人员和病人之间没有屏障，然而病房内的人（工作人员和患者）和病房外的人（工作人员和患者）之间出现了新的屏障，这很容易让人想起上面的示例13.1。

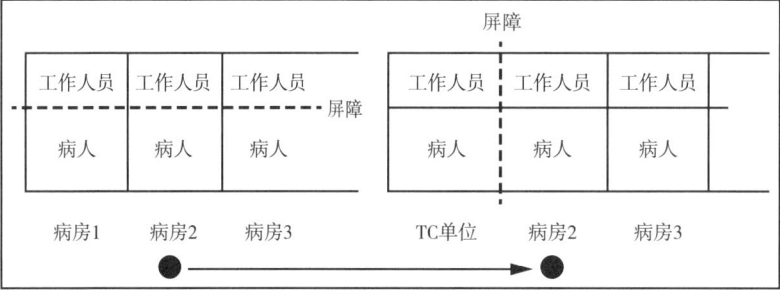

图 14.2　治疗性社区病房四周的墙

下一个示例再次演示了移动屏障。它会在多个位置点亮，可以借助进图进行跟踪（见图14.3）。

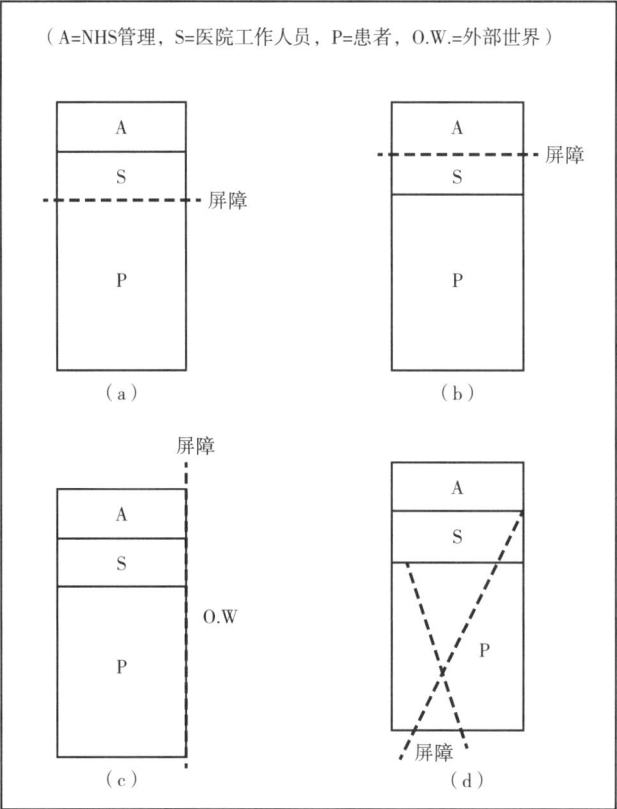

图 14.3　屏障的可移动性

示例14.2　移动屏障

当时社区与国民保健服务行政当局之间的关系出现了严重的危机。整个医院的未来和生存形成了冲突。社区确实幸存下来了，尽管存在相当深的怀疑和不信任感，但最终还是重新建立了相对良好的关系（Grunberg，1973）。值得注意的是，在经历了这个危机时期并确定了严重的外部敌人之后，出现了一个惊人的、非常不切实际的看法。社区和外部世界两极分化。这不再是社区和行政之间的屏障（见图14.3b）。它已经移动到图14.3中的位置（c）。社区认为自己是一个避风港（见示例5.4）。患者和工作人员都持有这种夸大的观点。这一点在各个方面变得清晰起来：患者期望不必长时间地住院；不愿意参加针对外部访客的方案；并且否认不愉快事件的存在。示例5.4中提到了一个事件：唐在解雇谈判期间，危险地将一块木头扔到会议室。这件事吓坏了在场的人，第二天的社区会议避而不谈这件事。相反，会议的重点是外部世界是多么陌生。房东和老板与社区内的舒适和放纵形成鲜明对比。这个集体盲点表明了一个严重扭曲的屏障。会议本身总体上有一种温暖和舒适的感觉。由于这已被接受为事实，工作人员开始认为这种温暖和舒适助长了患者的依赖性，为了患者的利益，社区应该减少纵容，对患者提出更严厉的要求。那次会议的直接结果是工作人员决定制订一个更严格的计划。当工作人员穷追不舍时，屏障再一次移动了。工作人员对患者产生了扭曲的看法——他们认为病人是舒服的而不是绝望的。该结构类似于图14.3a，在患者和工作人员之间有一道屏障。因为工作人员的观点和行动是基于聚集在工作人员/患者边界周围的投射系统。他们的努力搁浅了。患者只是更强烈地将不愉快的要求投射到院外。

发生了进一步的运动（在示例18.1中有更详细的描述）。开始确定患者亚组，这些子群被认为代表了以特别依赖的方式使用社区和医院，但仍未得到帮助的人。他们往往是非常糟糕的参与者，因此被认为是不负责任的和患有难以治愈的精神病。也许他们中的一些人是，但他们开始以一种非黑即白的方式来描述工作人员和其他患者。一种新的投射系统正在发展。这种"对角线"分割如图14.3d所示，在工作人员和其中的一些患者与其余剩下的患者之间形成了一道新的屏障。

这个示例的重点是展示屏障在多群体的系统中的流动性，该系统的建立是为了避免旧的精神病医院系统制度化。表14.1总结了这些动态变化。

表14.1   屏障在多群体的系统中的流动性

阶段	两个子团体间的屏障位置	图14.3中的模式
1	社区/行政部门	b
2	社区/外部世界	c
3	病人/员工	a
4	好的参与者/差的参与者	d

本章中的测试我们将在一个多群体系统中考虑屏障形式的各个方面。

团体间的舞台

下一个示例并不是来自社区，而是来自为研究这些动力而设立的会议报告。该报告描述了群体间关系对特殊"群体间练习"中形成的三个群体的有效性的影响（Higgin & Bridger，1965，p.29）。

示例14.3　背负负罪感的团体

演习开始时，邀请活动的全体成员组成三个团体，得到的回应是立即且令人震惊的，他们从大组中退出。这被描述为"演习开始前几秒的戏剧性爆炸"。报告继续说道："如果小组要继续其任务，就必须通过会议在其各个小组中一开始就需要处理之前遗留下来的内疚和攻击。会议还必须在整个任务过程中遏制持续的逃离诱惑。它通过在Z组中创造自己的一部分来实现这一点，该部分承载着整体的情感负担。Z组继续逃离任务。它一直躁动不安，无法工作，因为它全神贯注于第一次逃离引起的负罪感，它代表所有小组吸收了这些负罪感……由于该小组承载着特殊的情绪涵容的角色，因此它不能自由地为自己做出决定，也不能为整体的决定做出贡献。因为Z组正在做这项工作，并将X组和Y组中的这些元素也投射到Z组；反过来，对他们进行内射，其他两组有可能充分摆脱这个基本假设，继续完成任务。"

我要说的是，其中一个组保留了逃避面对问题的原始反应，以便其他组可以达到不那么原始的操作模式。作者继续说道："通过这种方式，可以看出所有小组都接受了任务，并以不同的方式执行了任务……因此可以说，这三个小组都同等地承担了整个会议的工作份额。"他们都是本会议的一部分。

识别出这些过程很重要，部分是因为它们对团体的明显有效性有着非常强大的影响，部分是因为在治疗性社区的团体中，工作任务必须是去追踪负罪感、攻击性和焦虑的行踪。这至少与让一个团队顺利进行下去一样重要！这一点将在后面的示例中强调。

一个组似乎比其他组做得更好，我们不能用这样的术语进行严格比较。"好"组可能取决于"坏"组坏的程度。经验之谈，当分小组开始感知到他们之间"好"和"坏"的差异时，人们可能会对防御产生怀疑。示例14.4展示了负罪感在系统中被推来推去，以使它总是在"别人"那里。

示例14.4　组内和组外

在经过一个严重而危险的见诸行动阶段之后的讨论中，很明显，成员们将社区视为有两个阶级——一个在会议中更多用言语来表达的内组和一个没有用言语来表达的外组，通过暗示外组必须采取行动——一个特殊的病人是一名放火者，他在社区会议上一直保持沉默，直到有人注意到这样的分配现象。在接下来的讨论中，大家都感到非常有负罪感。内组的小组成员指责外组的成员没有在会议上讲话，也没有口头表达他们已经见诸行动。外组通过行动，使内组处于错误的支配地位。

有人可能会说内组显然功能运作很好，他们正在使用群体——也就是说，他们会交谈。然而，考虑到希金和布里杰的观点，实际上外组有没有与他们的Z群体相似？外组是否背负着整体的情感体验？看起来很有可能是这样。外组有被冷落的经历（因此"需要"生火）。这是由内组投射的；并反过来被外组内射。内组也投射出负罪感，事实上外组并没有内射。相反，他们立即再投射负罪感，以使处于主导地位的外组受到指责。

这个看似运作良好的小组也许会受到惩罚。示例14.5向我们展示了医院中的"明星"部门是如何特别容易受到干扰的。

示例14.5　日间社区的渗透

在过去三年左右的时间里，我一直在有意识地尝试沿着真正的治疗性社区的线路发展日间社区。为了最终做到这一点，需要在医院的成人部门进行功能的划分。此举的目的在于创建第十三章中定义的边界，以把员工分成两组。日间社区工作人员组成了他们自己的子小组，这个小组由那些更多的与日间病人工作和那些全职工作的人组成。随着这种情况的发展，参与最多的工作人员形成了一个更加亲密、更令人满意的关系（不仅在员工之间，病人之间也是这样）。日间社区采纳了治疗性社区的理念并在医院中扮演明星角色。社区会议和员工会议以前对任何成人部工作人员开放，这给社区管理造成了困难——决策缓慢，有时消息不灵通。操纵一名工作人员对抗另一名工作人员的情况很常见的，患者的慢性病是一个地方性的（区域性的）问题。这些各种各样的问题被归咎于很难让每个人了解事件的最新进展——尤其是兼职的工作人员，他们像一些病人一样，不定期或偶尔参加会议。所选择的解决方案是让兼职人员与日间社区事务分开，并让他们负责门诊病人。这个解决方案是由社区工作人员单方面实施的，包括要求兼职人员不要出席会议。该决定的单方面性质很重要。

该解决方案在沟通和效率方面运作良好，但前提是在日间社区工作人员和其他人员之间保持界限完好。然而，一个动力被抛出，这让人想起希金和布里杰的观点。"其余的人"成了门诊部，他们觉得被赶出去了——觉得自己也是流亡者、二等的流放者。这种进进出出的动力类似于示例14.4，门诊工作人员对此感到痛苦。然而，日间社区工作人员受到鼓舞，士气高涨。不过，这是以门诊部工作人员的不满为代价的。

门诊部工作人员的状态是无组织、士气低落、缺乏凝聚力、认同感或（处事）原则。日间社区工作人员的士气问题被推到了该组织新成立的部门——门诊部。

诺曼是一名新的高级职员，被任命接管门诊部的职责，并成为这个松散的团体可以形成和发展的焦点。但是想象一下，这个可怜的新任命者不仅面临着确立自己的地位，而且还面临着创建一个新部门，而这些部门的材料都有被抛弃的污名！起初，他对日间社区的兴趣不大，但在两三个月内他的兴趣显著增加。诺曼开始定期参加某些日间员工会议，原因是想熟悉日间社区的工作。然而，奇怪的事情开始发生了。他开始向日间社区工作人员呈现一个特殊的临床问题，这个问题在门诊部不断出现。他定期提起这个案子——无论讨论多频繁，都没有取得任何进展。该病例涉及一名日间社区的前患者，这个病人目前已出院，但病情基本没有改变。他可以被认为是日间社区的失败案例，莫名其妙地跑到了一名门诊部工作人员那里寻求一些说不清楚的支持。从表面上看，提出此案是为了界定日间社区工作与门诊部工作之间的界限。诺曼会宣称他的新部门的存在，与此同时也会抱怨它无法接收之前的门诊病人（事实上它不应该）。然而，重复性和缺乏进展表明某些神秘力量在起作用。有时，这些会议的工作会受到长时间的阻碍。尽管门诊部对外宣称自己是独立运作的，但诺曼实际上在干涉日间社区的工作。

诺曼坚持在日间员工会议上反复提及这个案例反映了他们自己的被抛弃感。也就是说，患者的感觉很恰当地代表了门诊部工作人员的自我感觉。

日间社区通过将沮丧和无能分裂出来，并以被拒绝的同事的形式将它们非常具体地投射到门诊部，从而实现了其"明星"品质。当门诊部设法建立自己的自尊时，这种情绪体验再次被带回给日间的工作人员。然而，它以一种特殊的形式被带回来——它被称为一个病人。对于日间社区工作人员来说，这代表了他们想要摆脱的经验：无能和失败。对于门诊部的工作人员来说，它代表了一种他们想要摆脱的被抛弃的经历。重要的是要意识到，在重复的讨论中，我们不是在处理一个案例，而是在协商如何处理经验的碎片。

两个部门的工作都必须继续进行，不仅在行政和专业效率的层面上进行，还要在团体情感认同的层面上进行工作。

示例14.6 团体中的流亡者

在门诊部成为医院的一个有组织的部门期间，他们决定留出一次自己的员工会议，让其他医院员工作为访客参加，以了解新部门的工作。很多人都接受了这一邀请。计划对门诊团体心理治疗进行讨论。然而，讨论以一种奇怪的和强迫性的方式轮回着，开始变得越来越陷入一个特定的不相关问题——包括将外国人纳入门诊病人团体是不是明智的。访客与这一点失去了相关性。

门诊部的工作人员从事一项选择性活动，这反映了他们自己的任务，即从流亡者中组建一个有凝聚力的团体。他们不得不处理自己感觉像难民一样的情绪的工作，被赶出"家"并作为一个群体一起被抛弃。虽然讨论的是病人，但外国人真的代表了门诊部工作人员遇到的问题：他们自己被抛弃（被流亡）对待时的感觉。

在最初的分裂引发了排他性和流亡感的两极分化之后，两个工作人员小组的运作在一段时间内交织在一起。它至少在15个月后才出现：有趣的是，最积极将投射带回来的诺曼，在两极分化时甚至都不是这里的工作人员。

进展顺利的小组

不应该从表面来判断团体进展顺利和不顺利。他们承担"同等份额的工作"。在示例14.7中，一个为期三个月的特殊项目几乎被类似的找不出原因的群体间的动力破坏和击沉。

示例14.7　学生这一特殊团体

六名大学生在暑假期间被收治为为期三个月项目的日间病人（Hinshelwood & Foster，1978）。这比一般病人的住院时间要短得多。因此，该团体相当独立且不同——这一特点因所有人一起被收治而增强。在最初的两个月里，这种独立性让人感觉很特别，整个项目的实验性质再次增强了这种感觉。

然而，在第三个月开始时就达到了危机点。各种因素聚集在一起。首先，这些学生小组中的联盟治疗师去度假，有一次小组不得不自己开会，因为另一位治疗师离开了两天。与此同时，计划的月中时间被用来做个人回顾，这个回顾是针对计划中的六人的，旨在回顾他们当中每个人到目前为止的进展情况。这已经很清楚地标志着中间点的结束。其次，小组中的一名成员与她的男朋友一起在小组外进行了个人治疗。这些都是导致这场危机的因素，在这场危机中，特殊感被颠覆了，并引起了强烈的反弹。

随着士气的低落，起初双方发生争吵和纠纷。然后，在一次会议上（团体治疗中）（第一次因为联盟治疗师不在），一切似乎突然以绝望的方式假装病愈了。从那以后，情况每况愈下。接下来一次的团体治疗中，主要是发泄对剩下的治疗师的不满，有更多的争论和公开的谈论，这个小组正在走向分崩离析。一个人宣布他自己已经安排了两周的假期。一天后，第二名成员决定退出并回家。一周后，第三个人找到工作并离开了。该组织失去了一半的成员。其余人士气低落。他们突然更多地参与到社区其他方面的活动中，更大程度地投入社区会议。

这表明当小团体四分五裂时，他们绝望地试图寻找另一种安全保障。最初高昂士气主要建立在将绝望的情绪投射在社区其他人的身上，这保护了一种虚假的特殊感。这是士气不稳定的基础。当危机来袭时，将团体抱持住，使团体凝聚在一起的资源不足。虽然在一次治疗中有了从体验到伪统一的转变，但这本身很快就变成了实际的分裂——在现在熟悉的恶性循环中，将士气低落放大了。

很明显，该小组的"良好"表现只是表象。在最初的两个月里，这个团体有些不切实际，因为成员们依赖于其特殊性。当特殊性消退时，最初的成功和信心很快就消失了。人们既没有充分认识到绝望，也没有充分认识到处理绝望的投射方法。当人们意识到要与绝望一起工作时几乎为时已晚，已经错过了对绝望工作的最重要的机会。关于这种团体间的投射，还有更多要说的。

示例14.8　情绪的烫手山芋

这个暑假计划负责小组工作的治疗师，恰好是日间社区中常见的小组治疗师之一，她也有自己的日常的日间病人小组。因此，在这个暑假期间，她是社区两个小团体的治疗师——S组（学生）和D组（日常的日间病人）。正如我们所看到的，学生的到来在社区中创造了一个特殊的群体。D组比社区中其他任何组都受影响。而D组特别内射了绝望——为S组和社区的其他人带来了绝望。恰巧此时D组本身就处于脆弱状态。事实上，有几位成员是典型的"见诸行动者"，他们正在通过不稳定的出席治疗来见诸行动于士气低落。相当特殊的S组的影响使D组进一步陷入低迷，该组几乎不复存在。出勤率变得更加不稳定，几乎没有尝试工作并且出现缄默。似乎在D组看来，与S组相比，他们完全引起不了治疗师的兴趣，他们没有什么值得说的。治疗师对这些特殊的初来乍到者的关注证明了这一点。这也许是兄弟姐妹之间的竞争，但在团体和团体间的层面上，如果以缺席的方式见诸行动的话，则更加致命且难以处理。

最终，就在S组遇到危急时刻，D组出现了惊人的好转。D组振作起来，找到了新的信心，出勤率提高了，工作上的努力也更显活力了。士气低落从D组传递到S组，简直就像烫手山芋。

同一个治疗师连接着两个团体之间的两极分化，实际上通过彼此间的影响改变了他们的特征。S组最初的士气高涨是由于他们意识到一个士气低落的对手组。反过来，D组的士气低落，也助长了这些特殊入侵者的意识。然而，当投射系统出现故障时，情况会突然改变。

S组的命运很重要。这个示例清楚地表明了这一点。对于学生来说，由于假期的长度，治疗的机会非常有限，并且因为结束的被突然中止了，治疗受到了严重的损害。

魔　山

托马斯·曼的小说讲述的是一个肺结核疗养院，该疗养院已成为一个与外界隔绝僻静之所。小说《魔山》以治疗性社区常见的一种现象命名（见 vanden Langenberg and de Natris，I985）。对外部世界的忽视有其心理动力学的根源。有时对团体和治疗性社区来说，将注意力从外部世界转移到治疗性社区的内部团体进程中来的动机，是一件非常重要的事。虽然在小型治疗性团体中几乎识别不出来，但在治疗性社区中尤为明显，因为这种与现实世界需求的隔绝会给社区的生存带来风险。

在这种情况下，治疗性社区之外的世界具有某些有害或有威胁性的特征，社区随后会避免这些特征。这很常见，可以在本书的各种示例中看到（参见示例5.4和示例14.1，以及示例18.1）。麦基尼（McKeganey，1986）也记述了一个有趣的比较，有两个社区他们具有大致相同的组织环境，但他们对待组织环境的态度不同。其中一个显然已经对自己的内部进程产生了一种忘我的痴迷，并不幸地处于魔山的危险之中。

魔山综合征是这样一种情况，即社区的任务被如此孜孜不倦地执行着，以致它变得适应不良。这是因为在社区周围创建了一个障碍，而不是创造一个灵活的、具有半渗透性的边界。我们已经看到，在社区任务中这种类型的曲解是非常普遍的（例如，示例9.1）。施伦克和加尼特（Schlunke and Garnett，1986）给出了一个最近的示例；而巴伦（Baron，1987）详细描述了一个显著适应不良的示例，这个示例退缩到社区，忽视了来自外部的所有需求。

如果社区周围的边界及其在社区外的现实世界中的任务受到严重影响的话，则社区的生存将处于危险之中。这个影响是由成为防御性投射系统的发展性屏障引起的。同样真实的是，外部世界对治疗性社区的投射也很重要。鲍特（Bott，1976）从整体上讨论了这一点与精神病院的相关性，她展示了使医院工作人员处于压力和一种特殊形式的三角冲突中是多么重要，这来自精神病院之外的矛盾社会态度。门迪萨瓦尔（Mendizabal，1985）描述了国家经济危机对社区的影响。

魔山综合征是整个社区的边界问题。这种边界的紊乱在更广泛的环境中对实际工作的能力具有破坏性的影响。发出警告后，在第十五章中，我们将开始以更系统的方式研究现存的各种团体和社区。

总　　结

本章收集了一些发生在团体之间的戏剧化的示例。戏剧化的特征之一是团体之间陷入相互投射的系统中的交流屏障。这些扭曲的团体身份认同建立于原始投射和内射之上，他们采取了一种非常具体的形式转移团体之间的情绪和经验。他们常常以病人的形式被转移。

破坏性和脆弱性

第十四章末尾的示例14.7和示例14.8，展示了两个团体的脆弱状态涉及许多复杂因素，这两个团体几乎到了分崩离析的地步。

社区也可能是脆弱的。内射对成员来说具有非常强大的意义（参见第四章关于内部社区）。有证据表明，恐惧是影响团体凝聚力的重要因素之一。破坏团体凝聚力的方式有很多，我们将在本章和后续章节中讨论。

个人干涉

我将从个人的内在世界对社区凝聚力造成破坏的方式开始。

示例15.1　好争吵的入侵者

本是一名患者，他出席了社区会议，会议上许多人正在商讨成立一个住宿委员会去尝试寻找住所，这是伦敦的一个日间社区的病人一直面临的问题。本拥有自己的房子，在这方面并没有什么困难。他不能作为需要帮助的成员加入委员会。然而，他坚持要参与这个会议的讨论。他以一种独特的方式做到了这一点。他抓住了一个特别的点：查理曾建议教会专员提供一间房子出租。本找查理的麻烦，他提问要怎样才能做到这点。他主张谨慎行事，可以通过个人接触的方法。从他讲话的方式来看，他似乎在指责查理的粗心大意。在接下来的十分钟里，他们就这个细节进行了不友好且盛气凌人的交流，使会议无法继续努力组建委员会。

还有一次，社区正在讨论义卖旧杂物的安排。在那之前，本还没有参与过任何工作。现在他意识到他不是社区活动的一部分。一如往常，他似乎在内心里对杂货义卖很感兴趣，但却以指责和引起争端的方式说话，再次搁置了有关安排的讨论。

本与社区工作的典型关系是一种虚假的参与，以应对他自己被排除在外的感觉。这是一些正在进行的令人满意的工作而他不在其中。本是一个严肃古板、对生活带有清教徒式态度的中年男子，尽管他的脾气暴躁偏执，但他并不是不成功。他是一个努力工作、自给自足的人。事实上，他在住院期间仍然做兼职工作——很明显，他一直是个体经营者。

从这份材料中可以清楚地看出，工作能力对本来说意义非凡。当面对社区的成功运作时，他在某种程度上感到被激怒了。对他来说，一种内在的客体关系以这样一种方式外化了，以至于他不得不建立一个不成功的社区形象，这需要从他自己的睿智这样一个有利角度来批判他人。他能够外化他的内在关系，这是与一个被毁坏的客体的内在关系，并表明他毕生从事修复工作的原因。他通过在社区中充分有效地投射缺乏经验（无能），使社区工作停止来达到这一目的。然后，他将自己的内部关系外化到社区目前的组织中。

示例15.2　情感的入侵者

布伦达是一位富有创造力的年轻女性（一名艺术系学生），她饱受抑郁症的折磨。进入社区后不久，她提出了各种无理的要求——需要个人治疗而不仅仅是小团体治疗，变成住院部的病人进入而不是仅仅白天参加。很明显，她要求的根源是明显容易感到被排斥。她很快就解决了成为社区会议一员这个问题，而且她以自己独特的方式做到了。她双手抱头哭了起来，以一种令人心碎的方式抽泣。这是一个戏剧性的举动，将所有人的注意力都牢牢地吸引到了她身上。与示例15.1中的本不同，本的干预引起了报复，布伦达引起了内疚的担忧。在收获了这种全神贯注的注意力和一些纸巾后，她开始对她的失败进行悲惨的叙述。当其他人发表评论、解释或面质时，她都欣然接受，给基本信息增加说服力——"看我是多么的神经质"。通过这种方式，她剥夺了所有来自他人的任何有帮助意义的评论。社区会议慢慢地停了下来，陷入一种无助、沮丧的担忧和内疚的状态，既不能让患者独自一人冷静一下，也无法提供帮助让她解脱。

后来，当她的抑郁情绪开始缓解时，她可以在如此感动的情况下以同样有效的方式打断会议。这次是用咯咯的笑声。这种欢乐具有感染力，可以传染给其他人，以致非常努力也不容易回到会议中来。"天真无邪的笑声怎么了？"她会问，因此只会增加她所投射出的挫败感。

布伦达干扰了社区对其成员的关心和照顾。对于布伦达来说，这与她对母亲的认同有关，实际上，她母亲是一名难民（被排除在外）。然而，这也源于她自己的童年经历：在她母亲长期患病去世后，布伦达经历了被排斥和丧失，母亲生病之后，母亲的需要成了家庭重中之重，布伦达的需要被排在了第二位。

因此，与已故的或垂死的母亲的内在关系外化，母亲太需要照顾她自己了而无法照顾她的女儿。然而，外化也表达了她摧毁关怀她的客体这样一种恶作剧。这里关怀她的客体就是社区（是她内在被摧毁的母亲）。

和本一样，布伦达明显地戏剧化了她的愿望：破坏一切她想要的东西。本和布伦达都戏剧化了内在受损、死亡或摧毁的客体的内在关系——这是许多严重人格障碍病人的典型特征，这需要专门的治疗。在这破坏性的过程中，他们两个都使用了各自独特的方法。一旦这种无法忍受的感觉被投射出来，它就会使社区工作因这种带有特别感觉的淹没性体验而停滞不前。本的案例中是无能的感觉，布伦达的则是无助和挫败的感受。

事件干扰

另一种形式的干扰是当某些事件对社区产生集体影响时，共享经验会引发破坏性反应。

示例 15.3　复活节中断

周五的社区会议通常是专门讨论被委员会记名的社区成员，这些成员被委员会指出在本周表现不佳，或者由于某些原因需要被特别关注。为此，委员会每周都会起草一份"关注清单"。当时，医院在上周五和周一都休息（复活节调休）。会议开始时，贝利尔要求，由于本周很短，应该放弃列举关注清单。这周五她想要一个普通的会议——每周其他几天进行的那种自由的讨论。那么，本周的关注清单似乎被认为阻止了对重要问题的关注，而这些重要问题可能以普通方式出现。其他患者支持这一需求。进一步讨论这个问题，大家意识到他们对即将到来的周末感到焦虑——并且重新唤醒了上周长长的周末过复活节的感觉。

顺序已经很清楚了。本周五回顾了上周末社区例行会议的中断，戏剧化是对日常例行会议的反应。就好像社区当局处理问题时的原则："上周末你扰乱我们的例行会议，这次我们也要扰乱你的例行会议。"当然，这种对社区当局的挑战可能会弄巧成拙，导致不安全感以及不断加剧的混乱和困境。从象征意义来讲，戏剧化是关于"担忧"可以如此轻易被取消的焦虑。

事实上，在这种情况下所涉及的问题很快就变得很清晰了，原因被理解了，接着会议就可以回到周五的例行会议中去了。

团队工作的中断

有时，破坏是由破坏性的人挑衅精心策划的。

示例15.4　破坏团队工作

贝丝处于轻躁狂状态，常常将对他人和其他话题的注意力掠夺到自己身上来，反复占据着会议。她招来了评论，却没有利用任何人的贡献。会议面临着由躁狂症病人带来的典型困境。需要组员的赞美和完全的奉献精神，这个需要的程度使得整个会议都变得毫无用处。唯一的选择似乎是转过身去，并通过关注其他事情故意试图将她排除在外。然而，一种不安的责任感和内疚感通常阻止了这一点。会议任何建设性的成果都因贝丝专横的行为被损害。然而，该团体中的破坏性力量并不仅仅存在于这位患者身上。更准确地说：贝丝是破坏的工具——整个团体的资源之一。乍一看，这个病人建立了一个单枪匹马的暴政。但仔细观察就会发现，除非会议中的其他人巧妙地促进了她的霸权，否则她不会成功。他们会时不时地使用这个工具。如果她睡着了，她会被提示含糊不清的问题，或者直接提到她，或者在其他一些谈话中提到她。她的谈话会被嘲笑或笑声的鼓励，或者坦率地说被推崇为一种必要的欢乐。即使她不在场，人们也会提到她并被带入谈话中——通常对她的记忆足以使人感到轻率和混乱。

当需要时，可以依靠贝丝脱颖而出。其他人对她的鼓励是一种破坏性的团队努力。这是一种具有明显吸引力的方法，因为它是间接的，对那些想要隐藏自己破坏性的病人（以及工作人员）来说是适宜的。

当社区因生气或分崩离析而产生关系紧张的氛围时，这种形式的团队合作可能会很普遍。它意味着有这么一个共识：一个人被选举出来对这种混乱负责。还有谁能比一个真正的狂躁病人更能对整个社区负责呢！

脆弱性和碎片化

社区中最近经历过崩溃和他们自己即将分崩离析的人，可能会非常坚决地努力将这种关系外化。在示例14.7中，一个处于脆弱状态的小组，实际上已部分地支离破碎。首先是人们对团体碎片化的焦虑，其次是通过内射，团体的状态引起了个体对自身的内在焦虑。

个体对自身碎片化的恐惧深深植根于许多精神失常的病人的人格中。"精神分裂症"这个词的字面意思是碎成很多片的心智。尤其是精神分裂症个体，生活在一个内部世界里，当他们遭遇到无法忍受的经历时，他们会对自我进行碎片式攻击。这个过程类似于分裂。它是多种类型的分裂，导致身份认同和自我的混乱感，以及体验事物的能力受限（Klein，1946；见第四章）。

社区的混乱，通过内射，触及这些疯狂的内部状态，并造成相当大的进一步焦虑。然后为了再次将其外化，越来越多焦虑的个体将碎片重新投射到社区中。这种破坏像滚雪球一样，越来越多的人加入其中，破坏性也越来越严重。不断加剧的挫败感和不安全感（内部和外部）达到令人发狂的强烈程度，并进一步加剧了对疯狂的恐惧。团体中的骚动达到了最后阶段。

当社区中存在高度焦虑时——尤其是如果它没有表达出来的时候——任何最初的破坏都会增加紧张和对组织的挫败感。那些发现这种紧张局势难以忍受的人会通过公开或更微妙的破坏形式来挑衅。如果故意缺席而不被评价变成常规的解决方法，那么组织的活动就会逐渐瓦解。决策力会下降，直到它，或者是不复存在，或者是变得武断、冲动、怪异并且只能不规则地执行。

社区作为一个工作单位被废除了。最终的结果是碎裂成一个混乱的无秩序状态，一群恐惧的个体聚集在一起，除了通过自发的特殊行为或话语外，几乎没有区别。他们通过共同的身份认同感而保持在一起，这种认同感是建立在他们将自己分裂的恐惧持续投射到外部社区之上的。

示例15.5　裁决碎片化

与示例15.4中的贝丝不同，布里姬特不是破坏的工具。她自己是团队合作的指挥者（之前在示例7.1中描述的角色："精神分裂症统治者"）。从这个意义上说，她领导着社区破碎的病人的日常生活，指挥着其中的工具，贝斯可能是其中之一。

布里姬特是一位年轻的单身女性，极度焦虑，没有安全感也没有合理的自我认同。在社区试图重新确立自己作为治疗性社区的地位时，她在社区中尤为突出。这是在社区各个层面出现相当大分歧的时期，工作人员全神贯注于测试新想法的性质，需要什么样的当权者和领导班子，以及可以应用和试验限度是怎样的。那是一个充满热情、挫折、矛盾和对抗的时期。社区的组织也处于动荡不安之中。布里姬特这种性格的人脱颖而出并非巧合。以她的性格为载体，她表现出不安全感、情绪不稳定、目的混乱以及无边界感。或许最重要的是，她以无情破坏的态度，使"内部社区"瓦解的戏剧成为可能。在这一更新阶段，可能有相当多的工作人员对医院瓦解先前的秩序感到内疚，这导致了这场迫害性的碎片化浪潮——一种使巫师当学徒的惩罚。

布丽姬特的强烈感情总是引起社区的深切关注，并伴随着一种焦虑，即周围没有人帮助她融入社区或减轻在社区里的紧张情绪。她给人的印象是生活在一个荒凉或被毁坏的地方，她似乎经历着恐惧，她的这种情绪已经掩盖了她所依赖的救援人员的善意。她唯一的防御似乎就是对社区及其组织以及她可能需要去求助的任何人的极度蔑视。这种蔑视似乎确实强调了她人格中淹没性的品质。她最终会从轻蔑变成疲惫不堪、空洞的徒劳。

在当时的社区背景下，她具有很大的影响力，以她的焦虑和蔑视的态度主宰着整个社区。她提倡极端的放纵，与此同时（或快速交替），她对她的放纵权力的微弱成就感到强烈的无奈和绝望。她对她放纵的管理所取得的微弱成就感到极度的倦怠和绝望。

组织中对个人施加约束的任何方面都遭到强烈反对。例如，委员会组织简单的清洗系统的努力遭到了诋毁，在一段时间后变得缺乏热情且毫无效率。特别是，工作人员为保护进度和保持项目井然有序所做的任何努力都遭到嘲笑，嘲笑只是被抱怨无聊和缺乏有组织的设施而打断。

从动荡不安中涌现出来的任何事物的障碍都来自对变化、竞争的想法及实验允诺所带来的不确定的恐慌。布里姬特的个性恰如其分地代表了这些焦虑，与此同时也允许她以自己的意象创建了一个社区。她通过媒介的方式来处理自己内心状态的绝望，这就是表达对社区的支离破碎绝望来投射自己内心状态的绝望。

本章中的例证描述了脆弱的社区。有时，组织特别容易受到破坏性影响，社区组织则受到破碎的威胁，在某些情况下甚至屈服于破碎。在一个由焦虑人群组成的社区中，破碎的威胁甚至会使焦虑情绪提升到极高的水平。甚至是摇摇欲坠的社区，也会引发许多成员自己身上破碎的梦魇。最重要的是，在示例15.5中，个人可以把社区当作一个投射的池。他们最担忧的事变成了现实，然而如果每个人都坐在同一条船上，这就并不算是最糟糕的。

从破碎中逃离

在抵御这种情况的威胁时，可能会表现出相当大的努力和灵活性。在示例14.7中，学生团体在遇到危机点时，试图逃避破碎的经历。在团体成员真正离开之前，有一个短暂的时刻，小组会突然假装团结在一起，为了不破坏局面而紧紧地抱在一起。

一个团体的凝聚力之所以重要，一般有两个原因：一是团体对其任务的理性追求；二是防御需要——因为破碎，或者说破碎的威胁，对个人的内部世界具有很大的侵入性。如上所述，防御可能是一种简单的依附。在戏剧化过程中将成员与角色结合是另一种更复杂的防御凝聚力形式。

必须审查一个团体的团结在多大程度上具有防御性。就像表面上的"好"团体一样，或者说表面上有凝聚力的团体如果认真检查一下，也可能会发现他们集体逃避了某些焦虑。一个僵化的社区可能在一定程度上受到免于碎片化的保护。然而，它也保留了脆性，当压力足够大时，可能成为明显的断裂威胁。

多重分裂社区是相互投射系统的万花筒。在一个支离破碎的社区中，无数的障碍意味着到处都是各种各样的投射，其目的是将经验消散得如此稀薄，以至于它不再是痛苦的。

总　结

本章举例说明在一个脆弱社区中会发生的各种形式的破坏。它们是整合受损的明显表现，当组织包含防御性相互投射系统产生的障碍时，已经证明了这一点。这种脆弱性和早期碎片化的表现引起了个人内心深处根深蒂固的焦虑，他们担心自己会变得支离破碎，及缺乏整合。

第十六章

僵化的真相

本章将探讨应对社区状态构成威胁的僵化策略。除了个人逃避——缺勤、退缩、症状的再现——还有社区逃避策略。为了防御，他们会产生适应不良和自我挫败感，因此，他们通过僵化来逃避现实。

黏连度

示例14.7中学生团体瞬间黏合在一起是在极度不安全的团体氛围中集体采取的紧急行动。成员间的团结一致和认同感突然变得显著起来——也许可以与集体投射的示例相媲美（见示例5.3），因为焦虑是集体的。

这是一种黏连状态。会员是固定的，定期出席。参与具有独特的形式。要么几乎没有贡献，有许多焦虑的沉默，但有大量的眼神交流。或者有乏味和重复的谈话，刻板的交流模式，或对小组过去的无知回忆。重点似乎是防止运动或能量。这种沉重和明显缺乏活力的感觉有时会让治疗师问自己——为什么这些人带着一种似乎不求回报的奉献精神而来？这是一种值得反思的经历。就好像小组成员的行为是由这样的信念所驱动的，即如果发生任何事情，或者任何事情发生移动，整个纸牌屋都会倒塌。这种对稳定和不活跃的戏剧化是团体成员对他们团体碎片化的令人绝望的恐惧的集体表达，然后（通过内射）是他们自己的碎片化。

治疗师的任何活动，或任何刺激生命的尝试，都会被抵制和使其失效，因为它们威胁到团体感受到的一种极其脆弱的稳定。团体中出现的紧张局势可能会引发激烈的抗议。运动、生活和紧张可能会使船摇晃并倾覆它。小组成员都处于集体状态，僵化地黏连着作为一个整体——人们可能说是带着恐惧的僵化。

官僚主义的僵化

更多差异化的僵化状态是多组系统的典型特征。自然的划分激发了可能碎片化成独立小块的幻想。下面是一个典型的示例。

示例16.1　官僚体制

在许多人陆续离开社区时，包括一些支持该组织运作的主导人物，社区成员出现相当长时间的冷漠情绪。做决策既费力又困难。社区需要患者中的领导者，可以围绕这些领导者重新组建负责任的组织。这是社区政治生活的基础，在讨论、活动和对抗时都需要。然而，现实情况难上加难。社区会议陷入了长时间的沉默，工作人员试图引发讨论。该方案内的其他团体得不到很好的支持。曾试图借助于制度来改善组织，但对不遵守规则的行为的制裁刚好陷入了他们织的网中，候选人立即离开，离开的数量多到让人无法接受。一些即将离任的领导特别讨论过，他们希望留下他们对社区的影响和贡献的永久记录。

然而，在社区层面，这种官僚主义或法律主义的僵化减少了个人对社区任务责任的紧张感和挫败感。这让人想起第十三章描述的孟席斯案例研究中护士找到的解决方案。一个特点是试图处理一些不定期参加的成员。他们后来被描述为"不正确地使用医院"的人。如果对正确使用医院下过定义，这句话可能具有重要意义。然而，关键是此时没有进行此类澄清讨论。因此，这句话迅速获得了一个空洞的光环。它表明立即采取行动（解除），而不是试图理解失败和此时社区关系的背景。事实上，它导致许多可怜的参与者被开除，他们被认为造成了太大的治疗问题（示例10.1）。

在情感层面上，开除这些替罪羊是为了提供一种解脱——在社区因需要的领导者离开而感到脆弱和无效时不得不面对困难的救济。就好像他们带走了整个组织的效率。然而，这种缓解是暂时的，因为最终不得不承认失败。它加剧了社区失去的力量。下令出院所带来的短暂缓解并没有长期应对治疗性虚弱的感觉。随着他们的继续，困境变得越来越尖锐。为了阻止现在日益减少的社区的这些开除行为，设计了一项合同，该合同将提供一种自动暂停而不是开除的机制。为了应对困境，它包括了一系列关于个人出勤率的复杂条款。

这追求的是官僚的、合法的解决方案。直接的结果是，在讨论第一次因违反所有条款而被停职的成员时，就产生了关于条款的本质的激烈辩论。最终，雪上加霜的是，人们意识到合同虽然写下来了，但已经失去了它原来的意义。这场辩论占用了大量时间。这导致了激烈的争吵，并没有做出决定。

设计一个僵化的官僚程序，避免了人为错误、对抗和讨论，但是它产生的问题多于所解决的问题，耗费的时间多于节省的时间，导致比其他情况下更加混乱的决策。它为社区生活问题提供了一个有益的教训。显然，自动化程序是很难设计的。我们所能期望的最好结果就是对合同有一个好的解释；这表明需要一个"法律专业"机构，监督法律程序。

这种官僚主义推动的原因是担心社区组织可能无法在失去领导层后幸存下来。这种凝聚力的丧失让离开的人感到内疚，留下的人感到不安全。为了确保连续性，通过将过去的领导层铭记在纸上的举动避免了这些感受。例证的第二阶段描述了一个过程，在这个过程中，社区实际上似乎正在分崩离析，像碎片一样向各个方向脱落。再一次他们求助于一张纸，纸上可以写出一个没有人觉得自己能够接受的权威。日益减少的社区进一步加剧了成员的焦虑——因为将一些人送走而引起内疚，通过认同那些被开除出院的人而感到焦虑，以及由于社区碎片化的幽灵不断上升而产生不安全感。该合同试图通过停止自动开除并消除任何特定人的内疚来解决所有问题。在试图使社区及其程序去个性化的过程中，似乎成员们能够说，"不要怪我们，这里有规则"。但除此之外，"我们这里有规则；不要认为我们是马马虎虎的或即将走向崩溃"。尤其是后一种情绪，是官僚体制的标志。通过诋毁他们和说他们马虎来逃避痛苦的感情，同时也涉及对碎片化焦虑的否认。

僵化社区的标志是试图为了它而发展组织。究其原因首先是为了抵消对结构解体和碎片化的焦虑，以及伴随着碎片化而带来的不安全感、罪恶感和责任感。其次，它处理的是面对指定任务时出现的无力感——尤其是处理人类痛苦和精神障碍这样困难的任务。这方面的僵化体现了任务偏航。

骨　化

僳化的一种相关形式是骨化。罗伯茨（Robers，1980）已经以较宽松的方式使用过该术语，以指代整个僳化的组织。在这一情况下，它被用来指代没有过多用处的旧组织。对新形势缺乏适应能力使其与官僚形式区分开来，如果以法律方式进行，官僚形式确实适应。它们的相似之处在于强调了经验和感觉的重要性，尤其是对崩溃的恐惧。

示例16.2　已骨化的会议

　　每周一次的员工会议作为入院治疗会议已经存在多年，其中一项特别的功能就是评估被推荐到日间社区的新病人。这次会议照常举行，人们慢慢聚集在一起，保留议事日程的成员宣布本周没有议题。会议并未因此而休会。相反，会议中找到了一些值得讨论的东西——一个年轻的慢性精神分裂症患者。他不定期地去医院看病，并且已经持续长达六年之久。他患有极端残疾，过去医院与他的母亲和朋友共同承担管理他生活的责任。会上提出了一项建议，医院应放弃其承担的责任。它实际上是用不同的方式表达的——社区应该停止与他的母亲合谋，否认病人对自己的责任。相反的观点是，无论过去做了什么，现在都需要有人为他负责。
　　大约20分钟后，讨论逐渐平息。另一个成员迟到了，有一个新的话题可以讨论。然而此时又有另一个人想起来，她有事想马上讨论，于是她就被允许发言。结果远远没有那么快。其中一名女性患者有一个三岁半的孩子，她把孩子带到护士那里请求护士帮助她的孩子取下隐形眼镜（此示例已在示例4.1中从另一个角度进行了描述）。这是一项漫长而艰巨的任务，孩子尖叫了半个小时，这个病人和护士的焦虑情绪不断上升。他们讨论了很长时间并且情绪激动，讨论的结果是孩子不应该遭受这种创伤，并建议联系开处方的眼科医生，并告诉医生他们所面临的困难。大家一致认为，母亲（一个聪明但不成熟的女人）不应将这一责任的重担转嫁给护士。当这个问题得到解决时，会议只剩下五分钟来考虑新的议题。

奇怪的是，这次会议照常举行，但没有会议目标，只是因为这是一次会议。目标感是如此遥远，以至于当最终提出新议题时，找不到一个位置来讨论它！随着时间的推移，会议的目的似乎变成了一个任务：就是将会议保留下来。讨论的内容很有趣。它反映了员工此时所关注的事务。这两个引人入胜的讨论都涉及"承担责任"，或者更确切地说是将其从社区中转移出去。第一次讨论是关于保持一种过去遗留下来的无望状态。似乎没有人愿意为取消这次正式的会议负责。对于维持现状的焦虑似乎是显而易见的（可能由于明显缺乏议题而加剧）。会议处理这种情况的方式是避免与护士报告的痛苦和悲伤情绪"接触"，并为自己的利益而坚持例行公事。这是僵化的解决方案，扼杀活力，将责任感抛之脑后。

骨化类似于本章第一节中描述的黏附。它是对组织的一种附着——日程表的框架。

铁 拳

第七章描述了另一种僵化的社区形式。那里描述的那种精神变态的领导者会挑衅社区，社区会保护自己免受领导者特有的客体关系的简单影响。取而代之的是，社区会迎接挑战，并戏剧化地采取保护措施以应对挑战。社区的铁拳可以打击这些人格类型并控制他们的过度行为。它以特有的方式这样做。与官僚体制和骨化一样，它旨在防止碎片化。当他们集中在治疗性社区时，可以看到针对这种类型的人格而构建的社区制度的僵化。

在一个治疗性社区中，高度控制和冲动的变态人格很快就会暴露出来。在某种程度上，治疗性社区就已经让人们想到精神病患者。提到格伦登·安德伍德的监狱因犯治疗，冈恩等人（Gunn，1978）钦佩地说："总体而言，结果倾向于强调团体治疗的独特优势，尤其是在治疗性社区进行的治疗"。

精神病患者对社区的影响可能非常大。在精神病患者和他的社区之间建立了一种关系，在这种关系中，精神病患者的控制欲和冲动会急剧恶化，并带来越来越严重的惩罚性反应。精神病患者的存在与外部惩罚性因素有关，无论在什么情况下，他会尽可能地建立这种关系。例如，正常监狱制度的严格规则约束和惩罚，对于精神病患者来说无论他们身在何处，外面都是这种典型的严厉、惩罚性的环境。这是这种精神病患者特有的客体关系，也是他性格的一个特征，唯一的变化是有时他可以自己扮演欺凌惩罚者的角色（监狱中的帮派头目，或示例20.1）。当精神病患者按照他的方式影响社区时，他就在进行高度防御性的行动。防御的结果是，尽管外部因素是真的为他存在并且他可能真的受到惩罚，但他可以在私下的满足中得到安慰，因为这是一个名誉扫地的事件。惩罚是不公正的，这证明了惩罚者是个道德堕落的人。

亨德森医院的社区的管理方式是一个非常特殊的模式，许多人批评这种模式过于僵化。但是在满足这种特殊类型的个体的需要方面，这种模式具有一些重要的目的和意义（Whiteley et al.，1972，p.40）。他所指的特殊含义是指团体已经开始将一种惩罚性的内部关系戏剧化了（就像在监狱里一样）。因为它提供了一种集体收益（抹黑权威），它可以从一代患者传递给下一代，让他们能以自己的方式操纵这种类型的治疗性社区的发展方向，自我认命为社区内的官方负责人。反过来，他成为僵化系统的捍卫者和积极的控制者。每个月都会举行新的选举。几乎每个人都有职位，其中一些职位责任重大，并且他们中有大量的等级职位。然而，个体并不会以这种方式简单地任凭自己自生自灭。社区"是一个持续的、充满压力的、24小时自我觉察的过程"（Whiteley，1972）。个体活跃的客体关系呈现在社区中。个体戏剧化的东西通过语言被带回到他的身边。在怀特利的叙述中，亨德森医院清楚地描绘了聚集在一起的某种人格类型与僵化的社区制度之间的关系。僵化的政权形成于最没有希望的人——那些可能会因为自己的一时兴起而建立个人霸权的人。

复杂性

组织碎片的增加和对旧结构的各个方面的黏附（分别是僵化的官僚主义和骨化）都导致了复杂性不断增加。在这种情况下，当人们对如何让社区为适应其当前任务所必需的那种激情保持反思能力感到过于焦虑时，复杂性就会发生。因此，它不仅仅是大型复杂组织的一个特征。在对组织本身焦虑的压力下，复杂性在小社区中演变。有太多的怀疑，以致无法让质疑和适应得以发展。这种组织结构过时落后的一个特点是，在缺乏良好沟通的情况下，增殖的部分无法团结一致。障碍无处不在。

示例16.3　复杂性

在尝试制定严格的治疗性社区原则大约三年半到四年后，社区开始迅速发展。提出了社区内特有的治疗中心的新想法。新的团体和结构正在形成；一个梦团体，一个会见"暂停"病人的代表性团体，一个离开者的团体，允许病人代表参加员工会议。社区发展之快令人振奋，整个社区似乎日益活跃起来。然而，与此同时，也出现了一些不顺利的事情。一段违法行为空前猖獗的时期开始了。在发生盗窃事件后，一名怀孕的工作人员遭到人身攻击，一名不知名的社区成员开始借此拱火。有人干脆抱怨对整个社区就像一盘散沙，这里有太多各自为政、相互隔离的小团体。

最重要的是社区会议逐步变得冷漠、沉闷和压抑。如果说社区实际上很活跃，但从社区会议中确实看不出来。在社区会议上，每个参会者都无精打采和冷漠，我们称之为"大团体综合征"（Hinshelwood & Grunberg，1975）。在此期间，工作人员团体本身富有个人热情，而这种个人热情只发生在他们管理自己的团体和做活动时。但是，对其他人的项目缺乏支持，在听取其他员工的工作汇报也不耐烦，缺乏责任心。

有一次，一名工作人员抱怨说有一个特殊的梦团体。如果梦被保留在一个专门的梦小组中工作，它就会从其他小组中分散出来，出现选边站的情况。工作人员小组内的讨论范围扩大了。人们逐渐认识到，将方案中一项活动的成员信息传递给另一项活动的成员存在困难。人们意识到，参与一个小组的工作人员通常不知道其他小组和活动中发生的事情。信息传递困难的部分原因是新活动的不断增加。然而，这并非只有这一个原因，因为在管理日常反馈报告时遇到了困难。交换没有进行。只在工作人员的子团体中进行讨论是可能的，如果每件事都有"子团体"，那么障碍就会源源不断。

在最初意识到这些问题之后，持不同治疗理念的工作人员之间出现了更加公开冲突的迹象——粗略地说，一方面是正式的、言语的、以精神分析为基础的心理治疗，另一方面是新的方法，如冲突或生物能疗法。

这个示例有三个组成部分：（1）充满活力的发展，可能代表也可能不代表一个社区运行良好；（2）行为紊乱，强烈表明活力仅仅是故事的一方面；（3）一次严重衰弱、支离破碎的社区会议似乎证实了社区的状况急需关注。

这在很大程度上源于员工之间的竞争（见第八章关于员工作为移情对象的内容），但也有很大一部分原因是人与人之间的不信任。每个人都被封闭在自己的个人支持系统中，不去了解他人的努力，以此来处理士气低落和人际的不信任。治疗性团体日益多样化的部分原因是个人保护，而工作人员的子团体则成了一个支持系统，以对抗其他人在自己的努力中让自己出丑的恐惧。这一切都是在无意中发生的，我们也没有意识到，直到它发生在我们自己身上。公开的冲突和竞争已被避免——但要付出代价。代价是将人际的不信任和无效投射到系统的其他部分，投射到其他人的工作中。这些相互的投射随后成为信息交流的多重障碍，结果是对系统各个部分的重视被扭曲了。有人可能会说部分多于整体——这是复杂性的标志，例如，可以在上述第十一章中提到的大型精神病院描述为一个士气低落的组织时可以观察到。

破碎的社区

僵化组织最显著的特征是其对变化的态度。个体感觉他们被困在一个僵化的系统中，该系统感觉反应非常迟钝——冷漠无情。他们所扮演的角色，甚至是他们所需要的意见，似乎都不会屈服于人的个性。

也许这是一种熟悉的经历，当你离开一个团体时，你会感觉自己完全参与其中，并同意所做的决定或安排，在另一种情况下，你却会发现这些决定和安排显得目光短浅、考虑不周、信息不灵通甚至彻头彻尾都是错误的。这种失去自己的判断力和正直的经历是非常痛苦的。将自己投入一些不可靠的事情中会导致人与人之间的不信任和困惑。这就是一个团体对其成员的思考和判断能力的影响。被卷入这些团体进程中是一件非常痛苦的事情，然而站出来反对他们更令他们不愉快。团体的行动和行为几乎带有一种妄想性。

就像前面关于复杂性的示例一样，僵化的组织实际上是很脆弱的。它不能免于破碎。与个人在脆弱组织中的经验不同，僵化组织中的个体牢牢地待在他们自己的碎片，以保持安全。然而，他面临着一个多团体系统，在这样的多团体系统中，他的参与导致他在不知不觉中失去自己的洞察力和判断力，尤其是将"他自己团体"的有效性与其他团体相比。他同样在不知不觉中接受了无论是对于他自己的还是他人的贡献进行严重歪曲的评价。作为回报，他从对沉船的恐惧中获得了一些缓解，并且可以想象自己在洪水和崩溃的秩序中幸存下来。这堪比将社区当成天堂，在周围的阴郁和敌意中，社区是完美与和平的避风港。在这个案例中子团体是较小的岛屿，将他从周围破碎的社区中解救出来。

当破碎的社区在社区会议上再次聚集在一起时，它显然是会遇到麻烦的。个体与他们自给自足的团体断裂开来，遭遇该系统的崩溃。这些个体受到了威胁：他们失去宽慰的感觉并且冒着怀疑他们自己判断力的危险。在这种情况下，社区会议会受到影响。开放式交流很快就消失。实际上，这个过程通过沉默、无精打采和明显的疏离来戏剧化地表现出缺乏沟通。然而，对参加会议的个体来说，再一次直接印象是一个失败的社区，这进一步推动了个人对支持的需求。我们陷入了一个士气低落的恶性循环中。有关受此命运影响的机构的更广泛示例，请参阅关于一家传统精神病院士气低落的报告（Hinshelwood，1979）。

总　结

　　由于对碎片化焦虑的根深蒂固。人们做出了巨大的努力来建立保护措施以防止社区的瓦解。这些僵化的防御总体上来说是多样而巧妙的。然而，它们并不能避免打破结构的断裂线，这些断裂线对于沟通和相关的投射系统来说类似于障碍。这给个别的成员造成一种特殊的困惑。

第十七章

社区人格的维度

拉波波特在其著名的论文《治疗性社区中的振荡》（Rapoport，1956）中描述了如图17.1所示的正弦曲线。它描绘了该组织凝聚力的兴衰起伏。社区的复原力可以应对各种间歇性的破坏。

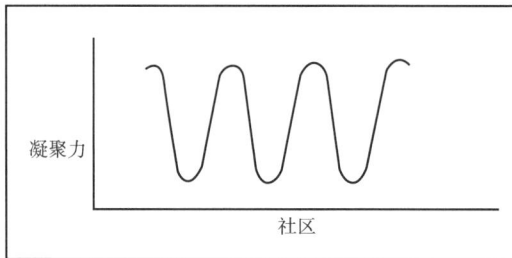

图17.1　有弹性的社区

曼宁（Manning，1980）讨论了机构当中间歇性集体干扰所涉及的相互作用的内部和外部因素。在撰写有关该社区最终消亡的文章时，我强调了未解决的领导问题的恶性性质（1980）。范·卡尔斯伯克（Van Kalsbeck，1980）讨论了一个类似的恶性领导问题，即新领导与其剩余员工的意识形态冲突。肯伯格反思了领导者的人格方面：

领导者的人格病态越严重，组织的结构就越严密，领导者对组织
的破坏性影响就越大。可能是在极端情况下，整个社会的偏执倒
退维持着统治者的理智，当他对社会的控制崩溃时，他就会变成
精神病患者：希特勒的最后几个月就表明了这种可能性（1984，
p.13）。

巴伦（Baron）的研究可能也指出了这一点。

有可能人们过分强调了员工的病态对社区的影响，尤其是领导者
的病态对社区的影响。拉波波特别指出，主要人物（病人和员工—
文化的载体）离开社区的情况是常见的。蒙迪扎巴尔（Mendizabal，
1985）讨论了从国家经济危机中吸收到社区中的问题。

团体或社区中无论危机的先兆和起因是什么，危机来自内部还是
外部，似乎都有两种可能的反应。振荡的概念表明在恢复资源的社区
具有一定程度的弹性或反弹。

在前面的章节中，我们已经注意到了不同类型的社区反应。当士
气低落时，与拉波波特检测到的反弹不同。就像被刺破的球一样，一
些社区可能会失败并停留在那里（见图17.2）。

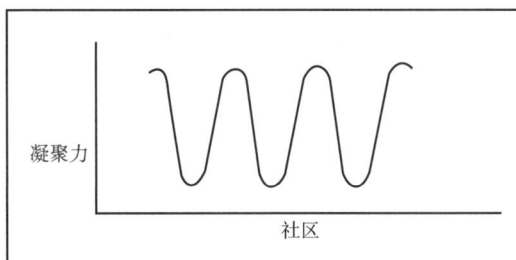

图17.2 一般的社区

士气低落的陷阱

保持枯燥的社区毫无生机的循环过程，已在前面被形式化了（参见第二章）。他们的所有努力是为了让社区处于低潮。个人因素和社区因素相互影响，造成一种持久的氛围，即个人缺乏自信、自尊心低下，对社区的有效性信心不足，以及为有效地达到某个目标而进行的不切实际的尝试——这些都不可避免地会失败。社区陷入了士气低落的陷阱。在这一点上，士气低落的常见指标出现了——缺勤、高患病率、离开、摩擦增加。然而，真正有说服力的发展是个体态度的变化——通常会出现对机构缺乏尊重的冷嘲热讽。后者的失败成为一个主要话题和有趣故事的来源。对一切顺利的事情都有一种直言不讳的怀疑和愤世嫉俗；最终对普遍的挫败感和个人的无助感产生越来越强烈的痛苦。对机构保持尊重的态度变得越来越困难，而那些试图表现出尊重的人却发现自己成了同事的笑柄。最终，一则关于该机构诽谤竞争交易的故事逐渐兴起（见 Hinshelwood，1979）。在第二章以及更极端的士气低落状态的插图中对这些有关士气低落陷阱的态度的细节进行了详细描述，示例7.1和示例15.5（另见第二章对士气低落组织的描述）。

愤世嫉俗和怀疑态度的发展使得这一过程极难逆转。由于士气处于低谷，该组织仍然苦苦挣扎于这种逆境中。在这种逆境中，亲密同事之间的个人性质的相互支持往往很高。然而，尽管该机构可能被视为一个友好的地方，但这取决于以该组织为代价的分享心情和分享痛苦，并以其在成员中的声誉为代价。

士气低落的陷阱是这种萧条的社区所特有的一种永久存在的循环（一种积极的反馈系统）。最终结果不一定是完全解散。例如，曼宁（Manning，1980）提出了与人类有机体的类比，在生物学死亡之前有一个功能性或社会性死亡阶段。社区可能在功能上死亡，而不会在

物理上解散。第11章和第12章中描述的许多恶性循环中见证了这种
功能性死亡。它促使许多集体努力来避免意识到它。举个例子，当一
个机构失败，没有替代机构来接管它的任务时，这样长期的碎片化和
士气低落的状态可以无限期地存在。传统的精神病院处于一种永久性
的功能性死亡状态（Hinshelwood，1979），然而由于其在整个社会中
的复杂功能，仍然是需要它的（Bott，1976）。该组织发展出自己僵
化的防御，戈夫曼（Goffman，1961）对这种可怕的文化给予了描
述。其他人（e.g.，Stanton & Schwartz，1954；Rosenberg，I970）在
他们对囚犯和工作人员的防御系统的分析中没有那么片面。

脆弱的社区

治疗性社区也会犯严重的错误。巴伦对社区碎片化以及采取脆弱
的努力来控制局势的研究，描述了这个过程的细节（Baron，1984，
1987）。安齐厄（Anzieu，1984）从精神分析的角度研究群体，他将
团体瓦解的幻想视为团体生活的关键要素之一。斯普林曼（Spring-
man，1976）将大团体的碎片化描述为一种防御表现，以对抗大团体
的庞大所带来的焦虑。对碎片化的焦虑和可能采取的防御策略，在社
区的舞台上表现为社区开始走向碎片化的实际过程中，并在向心力和
离心力之间建立一种紧张的关系。脆弱的社区破碎成碎片的威胁，以
及与碎片化作斗争的僵化社区是可以被用于社区和团体系统化描述的
维度。基于目前的观察，这些维度导致了社区的基本类型。

社区类型学

一些因素可以用图的形式表示。图17.3显示了具有弹性的社区是

如何沿着两个维度变化的。有时，当某事扰乱社区组织时（沿图17.3
中的横轴），凝聚力沿着线的斜率稳步下降。如果干扰减少（在D维
度上向左），社区重新获得凝聚力（C维度上向上），并且将恢复到图
17.1所示的模式。例如，在拉波波特（Rapoport）的示例中，社区尤
其因工作人员或病人的离开而受到干扰，也可能因新患者的入院而受
到干扰。随着骚乱的增加，社区将沿着曲线下滑。但这是一个有弹性
的社区，随着干扰得到控制，它可能会再次回升。

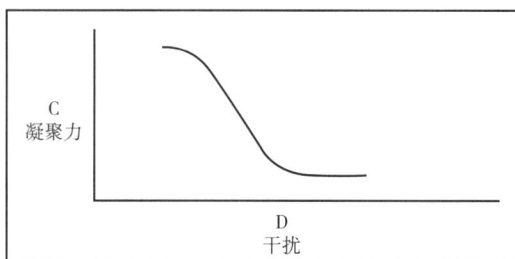

图17.3　C维度和D维度以及有弹性的社区

然而，社区事务中有一种不同的状态，那就是一败涂地（见图
17.4）。

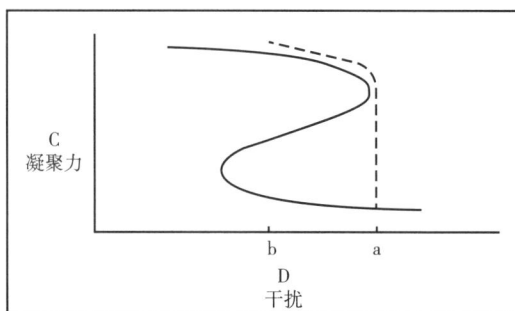

图17.4　士气低落的陷阱

维度与图17.3相同，但曲线不同。随着扰动沿D维度增加——从
位置b到位置a——曲线较低的地带有一个急剧下滑。这个较低地带
代表失去了凝聚力，因此意味着碎片。重要的是，社区不能简单地扭
转这一局面。如果干扰减少，社区仍然被困在较低的地带。只有当它

往回走很长一段路时，它才能再次向上"落"到上面的区域，并恢复其完整性。正如我们所看到的。特别是在第二章中，失去凝聚力本身会增加恐惧感，从而增加了干扰。因此，下滑本身使得社区更不可能沿着D维度回到足够远的地方以重新整合。

这两幅图表示了两种不同类型社区的特征。从管理社区的角度来看，如果社区处于脆弱状态或被构架，那么重要的问题是如何恢复社区的弹性。如果我们通过添加另一个维度将图17.3和图17.4中的两条曲线连接起来，我们就会得到一条三维曲线。这是一张用透视法绘制的折叠图（见图17.5）。暂时将第三个维度简单地标记为"F"。图17.5[①]最近的边缘遵循图17.4的曲线，该曲线描绘了萧条社区的行为。从背部X处发生类似的急剧下降，在这个点在图中是转折点，社区最终在Y和Z之间陷入类似士气低落的陷阱。

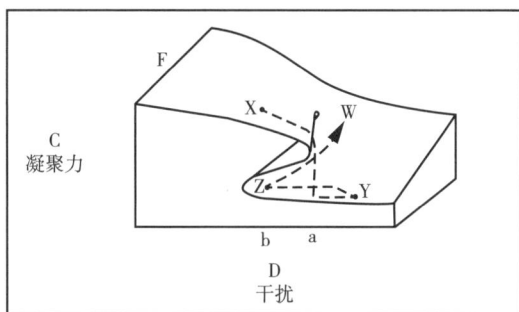

图17.5　C维度、D维度和现在的F维度

既然我们已经引入了第三个维度，那么从理论上讲社区有可能在Z处找到另一种摆脱陷阱的方法。如果它可以沿着F维度向后移动到图后面的位置W，则士气低落的陷阱就会消失。然后，社区将会形成一种更具弹性的形式，不会陷入士气低落的旋涡。下一章将检验这种理论上的可能性。

---

①本节中的图示（见图17.3到图17.5）改编自波斯特（Postle，1980），而下节中的图17.6则直接取自波斯特（Postle）发表的论文。——译者注

僵　化

　　我们知道，社区完整性的僵化形式是另一种可以避免碎片化状态的手段。我们可以为此创建一个更高的维度——R维度。为了清楚说明这个第四维度，有必要像胶片一样在页面上绘制一系列三维图形（见图17.6）随着图形在页面中改变图表中折叠的部分也在改变。当图形沿R维度移动时，折叠部分沿着D维度移动。为了清楚起见，折叠的位置可以通过将其阴影绘制到立体图形的底部来强调。三角形的"阴影"被称为尖端。在图17.6的左侧，折叠部分显示在一个非常低的干扰标记处。这表明社区特别脆弱，因为它以非常低的干扰水平坠落到较低的面上。图17.6的右侧表示高度僵化，我们看到在社区落到底部之前需要非常高的干扰水平。然而，在R维度上，前沿没有任何地方失去折叠，并且在高水平的R维度时，脆弱的社区变成了一个易碎的整体。我们还可以注意到，沿F维度向后的替代路线对R维度的所有层面保持开放。

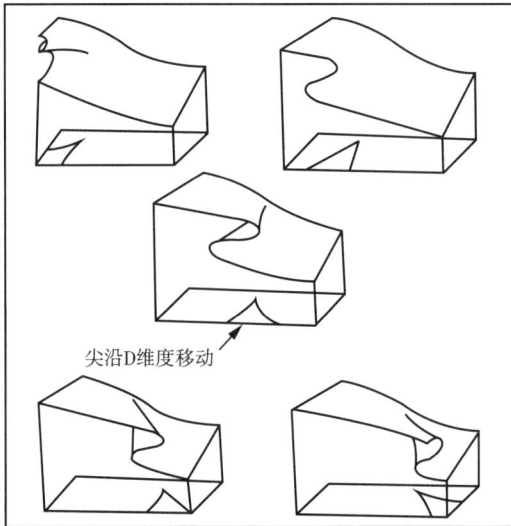

尖沿D维度移动

图17.6　R维度（刚性）

正如我们在第十六章看到的那样，僵化本身提供了抵御碎片化威胁的保护。然而，它只是一种相对的保护，它带有成员去人格化和制度化的弊端；判断现实的能力减弱；以及将社区任务扭曲为表面上更容易实现的目标。

灵活的社区

在折叠的图上向后移动仍然是解决组织问题的最合适的方法。这是一场朝向弹性且有复原力的社区的运动。我们可以看到F维度与脆弱/易碎的社区和灵活社区之间的运动有关。灵活端代表社区沟通失真度低，对组织有现实的信念（士气）；对抗干扰的能力，并谨慎适应社区以坚持其适当的任务。

总　结

脆弱和僵化之间的相互作用以及社区碎片化的灾难性感觉是多种因素的结果。这些可以显示为四维图形。图17.6的特征有些复杂，因为它们代表了士气低落陷阱中涉及的周期性事件。

第五部分
社区中的心理治疗

第十八章

F 维度的重要性

我们已经看到，因个体内在客体关系而衍生的主观体验无意识地融合在社区的人际关系之中。这种社会和个体的内在关系相互渗透具有很大的理论意义，首先它在治疗上非常重要。

这不是一个单向的过程。通过投射和内射，成员们的内在世界为社区风格着色；而社区风格也修改了个体的内心世界。

在第四部分中，我们看到了士气低落的陷阱和维持它的循环过程。问题是要找到一个切入循环的点。仅仅在社区组织中进行结构性的改变是不够的，这是僵化社区的策略（官僚主义、复杂性）。我们需要了解如何改变在系统内工作的人的习惯。社区中的人的态度、戏剧化及整个系统需要一个策略。我们需要了解如何改变维持系统运作的人类习惯。社区的态度、戏剧化和它们在社区中的背景，这个整体系统需要一个策略。

改变的关键在于 F 维度上的移动（图 17.5 中，从 Z 位置到 W 位置）。这种移动既与社区中的干扰量（D 维度）无关，也不受僵化因素（R 维度）的影响。F 维度是一个长期因素，就像心境比情绪维持的时间更长一样。一个特定治疗性社区的灵活程度可以被认为是治疗效果的系数。社区越灵活，就越有可能（通过内射）将个体的内部世界向更灵活的方向改变。

那么F维度是什么？这个维度如何影响一个社区沿着它前进？F维度的临床特征可以归纳如下：（1）有能力用言语化表达遇到的问题，而非把问题戏剧化；（2）对组织的有效性有持续并切合实际的信念；（3）有能力面对最坏的情况，因而可以坚持完成任务而不偏离方向；（4）有从病理性的相互投射系统中抽离出来思考的一定能力。

我将举一个示例来描述沿着F维度运动所涉及的临床特征。在这个示例中，社区完整性的一个基本问题得到了解决。我们可以将其早期可怜的尝试与后来比较成功的措施进行比较。在描述这个示例的过程中，我将评论这些主要因素：

· 投射系统（处理责任感）；

· 社区问题（以及在这种情况下，社区开始尝试改变有可能造成分裂的处事方式）；

· 任务与对社区有效性的面质（治疗适用性）；

· 面对最可怕的恐惧（我们中的一些人可能无法得到帮助）；

· 领导地位（言语/戏剧化）；

· 围绕社区中的分裂（障碍）进行沟通。

从这个示例中得出的结论之一是责任委派的重要性——例如，在非灵活性组织中，责任是如何被误解、被不当处理的，又是如何通过投射的方式来应对的。各种形式的内疚、指责和责任被认为是在以第四章中所描述的方式折磨人。这种体验通过投射的方式，让别人来承受。结果，承受者被看作应该体验这些感受的。而在一个更具灵活性的组织中，委派责任不会这么有害。

这个示例就是从病人和员工之间的这种相互推诿开始的。这种推诿在示例14.8中也有说明。这些努力最终取得了成功，但也导致了病人群体的分裂，其中一方与员工联盟，以此来决定谁适合接受治疗的问题（另见示例12.1和示例20.1）。

F 维度上的移动

示例18.1　解决出勤问题

先前，这个治疗性社区管制松散。在它发展的早期，就必须要建立起迥然不同的社区文化。有这样一个情况：相当一部分病人参加治疗不规律且出勤率不高。他们主要是很久以前就来到社区的人，不知为何他们坚持至今。成员们的出勤、不出勤、逗留、离去，还有缺乏目标感这些问题，很少在社区中被提及，也很难引起社区的注意。即使有些人认为这些问题很重要，也只能简单地关注一下，然后就不了了之（这在示例5.4中有更详细的描述）。

理清出勤责任的第一招是不断将其引入社区讨论。对于一个日间社区来说，出勤率是一个永远存在的问题，无论是实际的还是潜在的。成员们定期和准时的出勤率操纵着社区的团结、完整和凝聚力。反之，缺席和不守时则为见诸行动提供了良好的机会。这些见诸行动严重破坏社区功能，让它变成一盘散沙，支离破碎。

员工们开始协同努力，让这些问题在社区会议中得到关注。他们关注到此时此地，也关注到每个人出席和参与会议本身的记录。然而，在一个会议上讨论出席情况的氛围给人某种不现实感，因为不出席的比例如此之高，以至于主要的罪魁祸首从未出现过。

此举的主要后遗症是社区会议的出勤率持续下降。不断恶化的问题导致社区成员集体做出一个决定，那就是改变社区会议时间。

会议不再是早上的第一件事，而是定在了午餐时间。据推测，更多的病人会来吃饭，因此可以赶上会议的时间。

改变社区会议时间是基于一定的理性逻辑的。然而，这是一种错位的逻辑，它本身与治疗性地使用这个议题毫无关联。这种"表面"的逻辑并没有真正地从根本上抓住问题的要害。从个体问题入手，忽略了重要的社区整体因素。改变会议时间是在一种更强大的力量面前低头，但这种力量没有被定义或被理解。这些结构性变化本身就是建立在戏剧化的基础上的——社区的软弱和无效被戏剧化了，对会议时间的随意态度也戏剧化了组织完整性的脆弱和松散。所以，这个决定只是戏剧化地见诸行动。它注定是要失败的。正如我们将看到的那样，员工们也部分地意识到了这一点。

许多员工抗拒这个决定。这是那些不愿意参加会议的社区成员做出来的决定。执行它让员工们感到憋屈。再加上以前，那些员工们习惯了早上第一件事是来开会的，而现在变成开展活动了。他们的工作积极性长期被低出勤率所打压，因此他们意志消沉，有阻抗情绪。如此一来，改换时间后的社区会议并没有改善。稍有改善的出勤率被越来越多的缄默和明显的闷闷不乐所抵消。

员工们为此反复讨论。过了些时候，员工们单方面推翻了这一决定，重新将会议定为每天的第一项活动。这第二个决定代表了员工的强硬态度，但其结果并不比第一个决定好。上午的出勤率仍然低得可怜。

社区仍然挣扎在士气低落的陷阱里。没有人真的理解戏剧化。员工们仍然扮演着一个软弱的权威角色，继续无效地掌管着社区。尽管此举使他们短时间内看起来很强大，并提高了员工的士气，但这只是让事情回到了原点。人们仍然没有意识到，问题是要让病人在联合行动中承担责任。在第一个和第二个决定中，病人都能避开自己的责任。在第一个决定中，那些实际出席的病人们可以感受到一种遗憾，即社区被打败了，但他们置身事外，不觉得这里有自己的责任。在第二个决定中，病人们又一次可以坐山观虎斗，发现可怜的员工们正在为某些事情而焦虑，而责任被员工们单方面决定，从他们手中夺走。

> 好在员工们能够再来一次。这一次，他们更加谨慎，更加重视动力，也更有成效。首先，员工们主动调整自己，提出具体建议而不是发号施令。他们明确表示，从一开始就没有能够理清问题，提供充分的帮助，从而使他们失信于病人们。由此，员工们迈出了第一步。只不过，他们的领导力仍缺乏整体划一的控场能力。大家对他们的建议讨价还价，还进行了激烈的辩论（在这个时期是不寻常的），最终通过投票的方式才接受了员工们的提议。

员工们现在采取了一种不同的领导形式。他们顾及社区整体问题和相关的投射系统，因而既不再简单地向个人做解释，也不再发表增强活力的声明。一些不一样的事情反而发生了。他们承认了自己在帮助社区走出困境的责任，同时也提出建议，邀请合作——至少能以投票的形式达成合作。尽管病人们怀疑员工是被迫做出纡尊降贵的姿态，又或者嚷嚷着感觉被训斥了（这两种情况都是被动地推卸责任的表现），还为此进行了大量的讨论，但事实上大多数人都接受了一份责任。当时的情况是这样的：在处理这个问题的早期，员工们觉察到了问题的责任，而且完全承担了起来。病人们将自己的责任感投射到员工们身上，回避责任。接着，投射诱发了沟通问题，而且损耗了大家对社区有效性的信任。然而，通过分享，员工们能够让病人拿回一些责任感。现在员工们的这种温和的"再投射"，与大多数病人的意愿相匹配，开始拆除员工们和病人们之间的沟通障碍（由投射责任感和内疚造成）。员工们还设法避免让病人承担过重的责任感，因为当病人们感到难以承受时，容易通过进一步的投射来迅速处理压力。

> 员工们的提议实际上就是，保存一份社区登记册，每周检查一次，并讨论那些出勤率最差的成员对社区治疗制度的承诺。如果大家对某人的承诺存疑，那他可以暂时从社区暂停，转到每周两次的"暂停"小组（后来改名为"关注"小组）。这里提出的是：（1）临床讨论和对是否适合治疗的怀疑是整个社区共同承担的责任；（2）连出席会议的规定都不能维持，这是一个关于动机和承诺的临床问题。社区有责任对此进行组织调查和探讨。

这个进展就像一股新鲜的风，带来现实的气息。人们面对着谁可以在治疗中获益而谁不能这样的问题；而以前只需要最低限度的承诺就可以无期限地待在这里的观念也正在被坚决地提上议程。从某个层面上来说，每个病人都害怕自己可能无法得到成功的治疗。当员工们有力量面对这种恐惧时，病人们对员工和社区的信心就上升了。同样地，员工们也有他们很讨厌面对的问题，就是必须对某些人说"不"。这可能会让他们体验到更多的遗憾和内疚，但这个"不"并非完全的拒绝，而是——暂停，为了提供一个机会去面对真实的目标。即使最疯狂的愿望无法实现，病人也不会独自面对自己的失败和失望。

> 尽管如此，对于员工的提议仍有一系列的反应。员工们给出的理由是：这些提议会打破病人晚睡的坏习惯；推动病人对自己和社区负责；医院就不会那么松散，不再是逃避者的天堂；通过对行动的审查，迄今未被注意到的问题会显露出来。病人们对于这份热情的反应既有消极的，也有积极的。有人指责说，这样的话，个体会迷失

在这个系统或官僚作风中；反正"社区"是不存在，因为它一点儿也不像一个真正的社区；医院或员工们理所当然是惩罚性的，即使他们还不算彻头彻尾的虐待狂/法西斯/秘密警察，等等。同样地，也有人希望依附"全能的"的员工们，和他们在一起。

尽管员工和病人提出了带有神话残余和戏剧化角色的论点，好在最终还是有一种坚定的责任感，足以形成一种合作关系，使医院更有效能；接受最低程度的承诺；愿意把整个任务看作对个人与社区的关系的一种检验。

此后，病人之间的分歧迅速两极对立起来。一方承认，为了每个人的利益，社区必须开始更好地工作；而另一方则认为，在这个过程中，有些人将受到伤害。这些事例很难保持一致。而这些观点在讨论的过程中必须整合起来。

一旦用语言坦然表达分歧，人们就可以各抒己见。激烈的讨论意味着彼此根深蒂固的立场已经松动，戏剧化正在转向言语化。员工们能够全情参与其中，无论是在前期的讨论中，还是在修通的过程中，他们都和整个社区在一起。人们从共同工作的经验中获得信心。看到员工们一起工作的成效，病人们的安全感开始恢复。一个良性循环开始运作（见图12.5）。这个社区又有了变通和适应的活力。他们后来的举动与早期防御性决策截然不同。由此可以认为是沿着F维度向灵活性的方向转化。

F维度的特征

上述示例中，社区不是简单地改进组织，而是改善了让组织改进的方式。起初，社区弊端隐蔽在暗，无法公然纠错。然后，社区风格朝着灵活的方向发展，转变显著。

这个示例中展现了各种灵活性特点。

投射：最初的投射系统是猛烈的，它严重损害社区功能。除了不充分的"表面"调整之外，它不允许任何真正的变化。用投射的方式推诿责任的现象比比皆是：有时候是病人们将其责任投射到员工身上，员工因此能力受阻，如担重担，步履维艰；又或者是把责任投射到环境中去，（如将会议时间改到午餐时间）环境似乎被迫默许承担责任。

那是F维度中脆弱的一端。后来的情况越来越有灵活性。对投射的处理方式有所不同。员工们将病人们投射摆脱掉的责任温柔地重新投射回大多数病人身上。责任不再缺失承担者，而是各司其职，各尽其责。

社区问题：最初，会议出勤率被当作个人问题来看待。这样简单化地处理问题忽视了社区的整体观。团体动力纹丝不动，其弊端暗流涌动。个体仍然被封锁在自己隔离开来的"社区"的碎片里。这个防御使个体避免关注到社区的残破不全，和体验到希望被粉碎的痛苦。它还强调个体比社区更强大，以此来保护他们的自恋。

后来，团体中形成了更有深度的理解。个人并非孤立于社区之外。作为社区成员，他的问题也会成为社区的问题。社区必须承担这个问题，并为之筹划。缺席与个体相关，但它同样是一个社区问题；反过来社区问题又给个体带来问题，从而形成一个恶性循环。只有当问题的真正共同性被接受时，才会取得进展。

任务：在多年松垮制度的尘埃下，社区任务销声匿迹。治疗成功的理念在实践中被篡改了，对于如何实现它根本没有达成共识。在支离破碎的社区中，任务不明确，或不现实（通常是全能的），或已经被改变得面目全非。认为仅仅将会议时间改到午餐时间（或再改回早上）就可能有治疗效果，这完全是对任务的误判。或许做出这样的改变真的是有治疗原因的。问题是，它无视治疗的进程。

要加强社区工作灵活性的一个基本要素，就是面对治疗任务这个现实，并将其提炼出一项操作策略——谁应该离开（被暂停）社区。

这项任务最初是在不现实的条件下设想的。缺席对个体和社区都有不利影响，这是一个长期存在的工作盲点。继而与之相配的是不切实际的期待——例如，员工们以为可以通过简单的公告来处理这个问题。

后来的工作有了灵活性。面对挫败的现实，每个人都很痛苦。社区必须鼓起勇气，面对人性的难堪及其自身的局限性。

最可怕的恐惧：在脆弱社区中，个体通过投射系统逃避自己最害怕面对的现实。然而，治疗性社区的最大目标就是找到方法面对这些恐惧，尽可能减少防御。灵活性社区是一个在某个程度上可以帮助个体面对这些焦虑的地方，即使个体做不到。特别是在社区中，通过言语讨论来容纳这些焦虑，通过内射，个体可以在自己的内心里发展出一个更灵活的防御组织。

领导力：这个示例很好地展示了不同的领导风格。起初的领导力是很薄弱的。员工们给经常缺席的人做单独的诠释。他们不仅屈服于现状，还让权力最小的员工去处理这个最棘手的问题。一计不成又生一计，接下来员工们是用死板又专断的公告来指挥大家。这么做的结果同样不可能成功。这个维护社区的尝试是在R维度上运行的，它分散了人们对治疗性调查任务的注意力。

后来，带领者与追随者建立起合作关系。他们像搭档似的，一起对现实和任务抱有更热切的尊重。员工们接受了戏剧化的存在，也就不再深陷其中。直觉型领导往往了解这一点，并且会因为能够体现和超越戏剧化的角色而受到社区的拥戴——这种领导形式被称为魅力型。治疗性社区似乎是特别有利于这种魅力绽放（Rose，1982），但更多的治疗益处来自对戏剧化的清醒觉察和准确诠释。

障碍：个体的防御导致社区内的分裂障碍形成。这个示例的早期状况就是：分裂，阻碍并扭曲了沟通，让系统面临分崩离析的风险。

团体灵活性将这些障碍弥合起来，并允许大家直接、不扭曲地表达彼此之间的怀疑和敌意。带领者必须能与双方平等对话，而不是去攻击戏剧化。因为一旦攻击了，就会卷入其中。

这种桥接功能是关键性的治疗因素。因为病人可以通过内射的方式，来治愈自己内部世界的分裂（见第二十章）。

个体自身的灵活性

在所有这些示例中，我们都非常强调个人的焦虑及其防御，以充实组织骨架的骨骼。这就是梅因（Main，1995）所说的"系统运作的人类民俗方式"。

此外，一个社区若能够使自身从一盘散沙和僵硬死板中走向灵活性，那它就能够帮助病人获得能力，以更加灵活变通的态度面对自己的体验和焦虑，而不是防御性地逃走。

社区的问题在于防御僵化和人心涣散。通过反复的投射和内射，个体可以感到非常个人化。社区的挣扎变成了个体的挣扎。他不得不挣扎着从自己的脆弱走向灵活变通。社区能够开放地处理社区的问题，包括社区要拿他怎么办这样的问题也可以开诚布公地讨论，这将会加强个体的努力。社区花时间探讨内部的分裂，又考量如何弥合这些分裂，这个努力的态度也能让个体花心思去思考自己的分裂并试图去整合自己。

个体需要认同一个治疗性社区，而不是一个防御性社区。

责任的集体管理

个体之间，以及团体之间的关系，存在着一种模式，用于在个体人格的各个部分之间进行内在整合。在社区里，个体与自己对谈，其模式就像社区中的各种交流方式。

本章的示例说明了两种不同风格的关系以及从一种到另一种的转变。这些关系涉及责任的定位。在脆弱、零散的风格中，责任被投射到任何其他人身上。

这种投射责任的需要和体验责任的方式有关。在第四章中描述了在这种责任感的特点：它如此强烈，让人难以忍受，带来愧疚感。从许多示例中可以清楚地看到，责任像个负担，令人沮丧。因而它所带来的不是真实的行动，而是让人瘫痪，内心里飘忽不定地夹杂着不切实际的全能幻想和冲动。

无助感、不真实感和全盘卸责是曲解责任的典型表现。这在治疗性（及其他）的组织中非常普遍。它们作为内射的模式，是灾难性的。治疗的潜力在于分享投射，使个体在面对无法面对的问题时不至于孤立无援。然后，他可以内射力量加强的感受，在陪伴中度过最恐惧的时刻。如果这个人感觉有人在外在这个团体中和自己站在一起，他就能在自己的内心深处产生更大的信心，站起来面对自己炙热的责任感。

总　结

对社区进程的分析强调了F维度对达成治疗目标的重要性。分析包括四个重要因素。示例18.1中阐明了灵活性的特点，它包括有控制的再投射、社区议题、现实的任务、面对最大的恐惧、合作关系中的领导者和弥合分裂。这对社区结构变化的管理、对员工们所采用的领导风格以及对责任的现实分配都有重要意义。

作为容器的社区风格

通过戏剧化的过程，社区涵容了个体。个体要求社区涵容的人格面恰恰是他最无法容纳的那部分自己。

在某种类型的个体特征占上风的地方，社区风格就会向某种共同的标准靠拢。也就是说，社区完全趋向于某种习惯和行为方式，即内在的客体关系戏剧化地表达在组织制度风格和社区会议中。例如，个人的戏剧化和外化的社会分裂现象常见于分裂型人格和边缘型人格的群体中。

病人需要一个安全的社区环境来投射自己的不安全感。对于这些投射，社区要么涵容得很好，要么很糟。在第十八章中，我们发现了从做得不好到做得很好的过程中的要素——沿着F维度的移动。

我们已经详细讨论了社区的那些"自身病理"。他们也会崩溃。正如我们所看到的，这是很复杂的，因为社区的问题往往又是由每个人的内部恐惧促成的。通过投射的方式，人们用他们的恐惧和悲观预设来构建社区的结构。

容器及其内容

本书非常关注人际的压力传递，帮助我们思考并理解这种动力的主要概念是"容器"。这个概念实际上来自本书中所描述的观察（例如，示例5.3）。"投射性认同"是一种幻想，即一个人把一部分的自体移置另一个人身上，而这个人现在涵容着这部分。克莱因（Klein，1946）是第一个提出这个想法的人。此后，这个对无意识深刻而又独特的想法，得到了温尼科特（Winnicott，1960）和比昂（Bion，1961，1970）等人的阐述和发展。这个理论模式是婴儿的精神状态被母亲"涵容"。想象一个饥饿的婴儿，他才出生几天，几乎无法理解自己的需求和身体的感觉。他哭，将自己的痛苦传递给母亲。母亲感到了他的痛苦，并会认同孩子的需要，去喂养他。如果她理解准确，他就会感到满足。

随着时间的推移，他将开始有自己的理解，当他从肚子里得到某些感觉时，这些感觉会通过母亲的喂食得到满足。一些重要的事情已经发生了。除了摄取食物，婴儿还在他体内积累了一些理解。他内射了母亲的心理能力并用这些能力来理解自己。实际上，母亲已经把他投射到母亲身上的东西调整好并重新投射到婴儿身上去了。然后，婴儿将母亲调整的结果内射到自己的人格里。

这个过程是这样的：婴儿用哭声把感觉投射到母亲身上，如此一来，母亲就能为他感受和理解这些感觉；母亲做了一些复杂的感官/情感/智能操作，以确定他的需求是什么；母亲把食物放进婴儿体内；通过母亲的行为本身，婴儿获得了（内射和认同）理解自己的感觉的能力。这是一个关于涵容情感，以及涵容与个体发展之间的关系的范式。在第十八章（示例18.1）中，这个范式是通过病人们投射责任，社区涵容投射，并最终用更温和的再投射责任来体现的。

涵容关系

比昂（Bion，1970）提出了最初的涵容类型学。他描述了容器和被涵容者/物之间的关系——被涵容即被投射出的情绪体验。他发现了三类涵容关系。

第一种类型：容器无法涵容，并碾压粉碎被涵容者的生命。比昂举的示例明确有社会性。他想到了一支军队对另一支军队的包围，也想到了一个人的天才被一个特别僵化的社会机构所压垮，例如伽利略。而情感方面的示例，如：一个不允许自己真正面对孩子感受的母亲，不断地否定，驳回或用各种解释搪塞掉孩子的感受。

第二种类型：被涵容物/者引爆容器，例如当一个革命者或者思想颠覆了社会的既定秩序，例如基督、弗洛伊德；情感上的，例如：一个孩子的感受或情绪摧毁了母亲的信心，所以她最终被打败、抑郁了，完全失去了作为母亲的功能。

第三种类型：容器和被涵容者/物设法相互适应，并在这个过程中发展和成长，例如，一位母亲，尽管感受到孩子的痛苦，但为了孩子的成长，她可以坚持下去，把她的理解投射到孩子身上，因此她自己也可以在这个过程中成长。

这是一种分类，可以用来区分治疗性和非治疗性的涵容，其中包括社会机构涵容其成员的方式。这些涵容关系可以在第十七章描述的维度上绘制出来。支离破碎的社区对应着比昂所描述的被涵容物/者引爆了的容器。与被碾压破碎的被涵容物/者相对应的是致力于消除个体自身体验的僵化社区。容器与被涵容者/物之间的第三种关系，即两者彼此涵容和共同成长，对应的是灵活性社区。

涵容性团体

这也许是社会精神病学运动中一个相当惊人的发现：让焦躁不安的、反常的和反社会的人聚集在同一屋檐下，形成一个非常明确的社区团体。这个团体会是什么样子，其中的变数可能很大，但它本身是一致的，可以被描述和分类的。

混乱和疯狂被输入精神卫生机构中。在那里，它被限制在机构秩序中。这是一个涵容的处理过程。问题在于：涵容得好不好？涵容关系是什么样的？

如果涵容将个体的痛苦外化为一套共同分享的态度和体验，那么个体会内射集体的支持并从中获得力量感。人们也可能从一个好的（灵活的）涵容性团体中内射面对痛苦和理解痛苦的能力。因此，不同的精神卫生机构，会提供不同质量的涵容功能。

老式精神病院用某些涵容的象征物来表达其功能——高墙、上锁的门、官方制服。这些物理特征所代表的不仅仅是医院容器的僵化，它们也是社会容器的象征。

精神卫生机构是为了那些无法涵容自己的人而存在的——尽管他们有正常的社会和家庭环境资源。有时，他们的环境不断激起他们无法忍受的恐惧。有些人经常感到他们无法涵容自己。正常的社会让他们失望。他们需要特别的干预。

由于他是社区改革和适应过程的一部分，也是其典型制度的起因，个体有机会获得一种对待他自己人格内部状态更灵活的态度，以及对他自己的体验更大的容忍度。

社区类型学

我们可以问这样一个问题：一个特定的机构能把工作做得多有成效？

防御性社区能有效地使成员与自己的体验保持距离。正如我们所看到的，这样的社区有很多种类。C维度和R维度，即凝聚力和僵化，区分了我们在插图中遇到的各种防御性社区。图19.1是四种类型的防御性社区体制与灵活性体制方式之间的三维显示。在本节中，我将参照本书所举的示例来回顾这些社区类型。

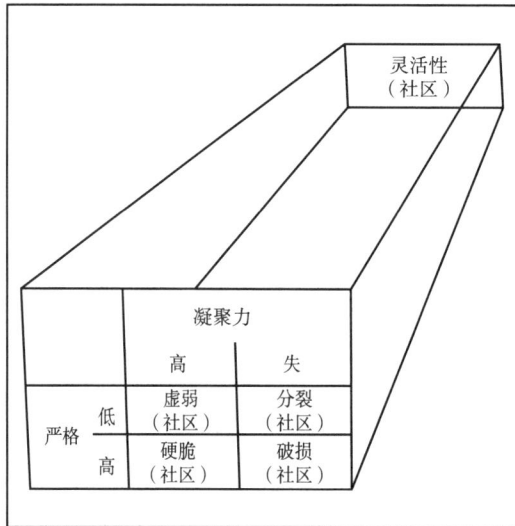

图19.1　社区类型

虚弱社区严格性低，社区特征是对分裂成碎片的恐惧。任何干扰都伤筋动骨，容易激发群体自毁的现象，从而加剧分崩离析的恐惧。这种社区风格难以为继，它会迅速退化、土崩瓦解，或者采取僵化的策略来支撑自己。因此，它只是一个一闪而过的阶段。最好的例子是在团体上——示例14.7中的学生们突然达到了脆弱点，然后表现出既依附强硬又分崩离析的状态。社区的示例如示例15.1和示例15.2，显示处于虚弱状态中的社区，轻易地受到争吵的入侵者本和情感的入侵者布伦达的肆虐攻击。意志消沉的社区（放弃任务，任务飘忽不定，个体与集体之间相互投射推诿形成系统）处于被困难包围的边缘。示例11.1中的社区濒临类似的祸患。示例15.3中的社区在面临这样的状态时，设法自救，并走向一个具有灵活性的状态中。这类社区成员倾向于对他人无感，脆弱，仅通过一些黏黏糊糊的活动聚合在一起。独白者（示例6.3）和沉默的组员（示例6.4）是其典型的人格组成。他们通常会建立一种无分化的融合关系。但我们看到的反而是分裂社区的分崩离析。分裂型人格占主导地位，就像示例15.5一样，有碎片规则。

僵化社区有两种形式。凝聚力高的时候，严禁做出改变并坚决阻止个人体验。它让社区像它本身一样僵化。这种类型的社区由官僚制度操纵。官僚体制（见示例16.1），展现了在限制个性的关注中，麻木的体验。僵化（见示例16.2）显示了组织如何阻止任何可能的解散，哪怕是片刻的解散。

僵化社区的另一种形式是第七章中所描述的特殊版本"铁拳"。社区实施了强大的外部控制，这表示个体的内在控制不被信任。然而，它的凝聚力仍然薄弱，我称之为硬脆性。如果僵化社区真的破裂了，它就会形成小团体（可能是多个），每个小团体都为自己的利益顽强地战斗。这就是破损社区（见示例7.2，以及第十一章中对传统精神病院的描述）。这种复杂的现象（见示例16.3）反映了一个僵化地黏在一起的组织，没有真正意义上的整合。

第七章中描述的体制及其领导人与这些社区类型相对应———分裂社区中的分裂型人格，硬脆社区中的官僚体制，以及破损社区中的精神病人。

这种社区的类型学不是为了分类而分类。它是用人类的感情和血肉之躯体验出来的。

正如我们所看到的，陷入困境的病人将社区扭曲成他们内心困境的样子，这是个残酷的对手。执着于误解的病人会真实地发展出一个病态的组织。社区成员将希望演变成内在悲剧的翻版。

总　结

社区涵容人们的紧张情绪和情感困扰，这是精神卫生机构的应尽之责。在涵容的过程中，有些社区看起来被击散了，碎片化容器（社区）的幻想在大多数人身上根深蒂固。第十七章对社区风格维度的描述，催生了社区类型学，其中社区是作为一个容器来看的。这很容易与第七章中关于人格类型特性和他们似乎促成的体制的观察相吻合。无论社区对焦虑的个体来说是一个怎样的容器，它对那些不能涵容自己的人来说只是一个辅助的容器。

第二十章

治疗实践

现在我要进一步考虑社区与病人的治疗关系。例如一位反社会精神病人正在建立一个与她的内在客体关系相呼应的外部替身组织。社区围绕着这个问题彷徨不前。这位病人身上既有防御性的规则，又有灵活的适应性。两者之间，很明显有一种张力。最后，在病人和社区中都有了一些发展。我将着重谈谈领导力和涵容这两个方面，作为本章的开端。

领导力：有两种带领者。第一种是制造戏剧化及其角色的领导。我们在示例4.1和示例4.2中看到了这一点。与此相反的第二种领导者，牢记主要任务，通过对体验的反思，能够尝试将戏剧化和被戏剧化的双边都抱持住，实现我们很快将讨论到的"桥接功能"。

治疗性社区经常模糊领导关系，因为没有具体的区分。这样就为反权威关系的戏剧化提供了一个诱人的机会。可以说，治疗性社区的首要目标之一是保持对这两种领导力的清晰区分。

涵容：治疗性社区必须要有灵活的涵容功能。这意味着个体和社区之间的彼此适应。社区需要接收容纳正在逃避自己最大恐惧的病人。病人往往以戏剧化的方式表明这种需求（见示例9.4）。社区涵容病人的戏剧化表达，能让病人们获得适应社区的机会。社区通过调整结构来涵容病人的问题和戏剧化的进程，不过这个过程也在用语言来表达。通常，社区必须与被病人戏剧化的部分保持一致。因此，上面提到的桥接功能成为工作的核心要素。

第二章中遇到的问题现在被设定在一个清晰的框架中。我们的任务是在这个框架中找到自己的体验，而不仅仅是对体验做出反应。

工作中的治疗师

为了帮助这项工作，我将提供一些实践准则。然而，这些都取决于个人的直觉，取决于他是否能接收到自己瞬间的直觉反应。个人的体验既属于团体，也属于他自己。这是他进入团体舞台的个人之门。

病人在加入社区的过程中出现的危机演示出整个社区都被卷入的样子。在距离感和沟通不畅的情况下，这个结构里充满了张力。组织，作为一个具有人性和情感的"有机体"，被个体的焦虑和感受渲染着。

示例20.1 治疗是一个社区进程

日间医院有一个附加服务——为十几位住院病人提供夜间护理。这个护理服务被社区广泛使用。它用来给那些在治疗期间经历严重情感危机的病人提供短期的集中护理。这个"单元"如它的名字所示，与日间医院是分开独立运作的。比方说，许多值夜班的员工几乎不接触社区。

这个部门有一段时间很"依赖"其他部门，极少自主处理问题。大体上，社区尊重这一点，认为这是应对严重危机的恰当安排。

退行是可以接受的。

一个年轻的精神病女孩格拉迪斯，通过攻击性的威胁和打斗，以及失控的自残行为，如割伤自己、吸毒和酗酒，成功地造成了巨大影响。病房里的其他病人都怕她，几个护士扬言要辞职，因为他们被要求照顾"不合适的病例"。问题越来越严重。整个社区都面临着一场危机。这个问题一次又一次地出现在社区会议上，但总让人感觉收到的是二手信息。那些与护理部门相关的病人不愿意发言，夜班护士也没有出席这些日间会议。拜这个病人的混淆和歪曲能力所赐，这一切都变得更加复杂。格拉迪斯并不是很聪明，但可以说，她能够很好地利用自己的智力缺陷，给人以深刻印象。她在不确定的时间和地点，做出莫名其妙和不明确的行为。随着危机的发展，早期试图控制这个病人并让她符合条件的措施都遭遇到同样的命运——它们被弄得混乱和不明确。这个夜间护理单元成为医院中一个更有距离感又不被理解的部分。

现在，这是一个治疗性社区的核心问题。这些问题是典型的：必须做些什么；人们可能会受到攻击和身体上的伤害（以及情感上的伤害）；员工将离去；这个病人为她自己创造了一个对她自己一点好处都没有的环境。她需要有人将她从中解救出来。她正在积极地在社区里外化出她内心的惩罚性客体关系。然后，她就可以用诋毁的方式来摧毁社区[①]。

然而，社区采取决定性行动的能力在混乱中被摧毁。这是一个高度紧张的局面，因为各方面都受到挫折，每个人都感觉被诬蔑中伤。这种情况似乎为治疗优势提供了相当多的机会，然而一切似乎一经触及就在混乱中蒸发了。

显然，这种混乱是有动机的。它就是为了保持社区会议与护理部门之间的距离。社区会议对病人来说将成为惩罚的代言人，而护理部门则是她行为不端的竞技场。医院组织中的结构划分被病人

---

①被投射的内在客体关系。——译者注

分裂的防御性行为所利用，她用这样的方式摆脱自己内在的惩罚性客体关系。

结构划分已经变得情绪化了。怀疑在整个结构中达到高潮，这表明集体防御系统的核心形成了一个屏障。

对护理部门的员工们来说，他们可以把自己在面对这个不守规矩的女孩时的无能感，投射到社区会议上。在他们眼里，社区是一个无能的机构，无法评估合适的病人。另一方面，对社区来说，这个护理部门已经成为姑息疯狂和惧怕疯狂的仓库了。问题就在那里。就是护理部门的员工们害怕病人的疯狂，而且被打败了。就像在示例14.5里面的示例那样，"社区渗透的日子"，病人被用来完成投射。格拉迪斯巧妙地用自己完成了戏剧化，让两个部门彼此投射。

虽然有一个合理的逻辑，即允许较为混乱的病人退行，并提供一个住院部，在治疗期间接纳他们的混乱。但这个示例，说明这个程序可能会被病人无意识地利用，以实现投射。疯狂就是以这种投射的方式被隔离开来，隐藏起来——就像传统的精神病院的传统用途一样。

因此，戏剧化是建立在病人的人格特征基础上的，并从医院的组织结构和人们对疯狂的恐惧情感中获得资源。

从动力的层面上来看，这是一个严重的问题。社区会议和护理部门之间的距离越远，就越有利于病人外化内在的投射。距离越远，这个病人就越有可能在这两个部门之间制造混乱和分歧。而个体也体验着组织结构的分裂。这个体验回荡在个体的内心里，更加强了不安全的感受和对崩溃的恐惧。反过来，在这样的刺激下，对疯狂的恐惧会被投射到尽可能远的地方。为了获得一些防御性的收益，这个情境被一个循环的无意识进程驾驭着，不断地全面恶化。

社区究竟会怎么做？一种可能性是简单地让格拉迪斯出院——所

有社区成员都曾考虑过这个选项。然而，病人和员工们普遍觉察到，事情并不那么简单。人们意识到，参与其中的人是出于他们自己的原因（或者更准确地说，是出于他们自己的情感）。

这时候，整个社区都知道有几位护士因为一些很偶然的原因决定离开医院。此事让许多人产生了不安全的感觉，很明显它影响了问题的解决。护理部门涵容失控行为的能力取决于员工们护理的稳定性，而此事威胁到这种稳定性。这里好多人都曾亲身经历过崩溃。他们就像害怕传染病一样对失控行为的爆发充满恐惧。在这种情况下，出现了一个机会，就是把对崩溃的恐惧安放在护理部门里。也就是说，对于社区的大多数人来说，这时候可以外化这种恐惧，并可以与之保持一个投射的距离。这样的结果为每个人提供了极大的安慰，尽管他随后被卷入了一个极其困难的社区问题里。混淆、扭曲和夸大使社区对护理部门问题的看法，越来越接近于大家私下里对灾难的个人幻想。

这场危机中还有其他方面的问题。格拉迪斯被送进社区，然后又被送进护理部门，这还是在另一个背景下发生的。在此之前，员工们一直在讨论员工责任与病人责任的问题。大家对于方式方法，适应标准，以及护士角色这些方面仍有意见分歧。

问题远不止一个病人的行为。有四个因素聚集在一起：格拉迪斯病理性的精神障碍；员工离职所致的不安全感；此时对疯狂的恐惧；以及员工之间的分歧和分化。适逢这个病人的问题所起到的促成作用，组织结构上的分割正好吸引了大量的情绪情感及其扰动。局部问题只是个假象而已，实际上问题的症结仍是社区议题。

回到社区工作：危机的一个方面是护理部门与社区会议之间的心理距离。因此，社区决定成立一个由员工代表、护理部门病人和夜班护士组成的会议。这意味着，员工们有桥接鸿沟和澄清混淆的职能。大家认为这是合情合理的，社区应该发起这样的活动。

这个特别会议的决议是，要求整个社区对这个未能出席会议的特殊病人进行非常严格的限制，而且最后实施了。现在社区更有信心就这个病人的问题与护理部门进行联络了，不会只由病人自行处理了。现在有了更多的信心，与单位就病人的行为进行的联络不会只由病人自己负责。有一项明确的制裁措施，即如果病人越过了限制，她将被调离护理部门（尽管不是调离日间社区）。

护理部门的成员认识到的还不止这些。看到员工尽职尽责地在夜班护士和社区会议之间建立起沟通的桥梁，护理单元的病人意识到平常自己应负的责任。实际上，在员工的帮助下，他们开始为此组织起来。他们安排了每晚的"单元会议"，并向社区会议汇报。尽管他们的状况令人不安，但护理单元的病人们都能认识到他们所处位置的责任。他们只有在社区会议上才真正知道单元里发生了什么。

单元会议为社区会议解了围。在此之前，社区一直无法采取行动，因为护理单元的病人以他们明显的退行状态为借口，在必要的沟通过程中不合作。而社区本身也部分地希望将其所害怕的病人疯狂和不安全感消除在地平线之外，眼不见为净，进入某种淡忘和混淆之中。自从面对这个问题，社区有了新的决断力。其实后来当这个病人因酗酒而违规时，社区同意让她立刻离开护理单元，继续做日间病人直到她能向社区保证不会再酗酒。

社区先质疑了这个观点：允许完全退行的疯狂病人在护理单元享受阶段性的护理，而完全不需要为自己的任何行为负责任。然后，让病人们接受一些责任的进程就自发启动了。这里没有出现全能的惩罚性控制者角色。病人开始内射一种新的控制。这种控制当然是严格的，但也不那么具有惩罚性，也不那么容易失去信誉。另一方面，社区也面临着一些不言而喻的观点。这些观点是关于疯狂和他们人格中完全坍塌的责任感的。最后，组织发展出现实的方式，在需要时改善沟通。

总结这个进程：一个特别的病人催化了组织结构里成员之间的张力。虽然社区生活中的共同问题被掩盖了，但是它不可避免地被疯狂和骚乱用戏剧化的方式在团体之间的舞台上揭露出来。在这个阶段，社区还没有充分又敏感地认识到整个社区内的张力，因而出现了一个信马由缰的进程，将社区带入一个越来越强烈的投射系统。至此，沟通阻塞，人们不由自主地生活在一个戏剧化的层面上。然而，随着大家的觉察不断提高，社区计划进行结构性干预成为可能。于是，适当的桥接功能开始发挥作用。从表面上看，这座桥只是在护理部门和社区之间的沟通，实际上它是在不负责任的疯狂、恐惧，以及"理智"觉察之间桥接的开始。

言语的桥梁

将游离在社区之外的部分聚合起来，给相关成员提供了一个人格整合的机会。社区是心理距离戏剧化的多功能舞台，而维护社区结构象征着一个治疗性的机会，即将成员们的人格中未整合的部分聚合起来。这些部门间的分裂及其整合正好代表了在社区会议中看到的戏剧化角色。在社区会议中扮演角色的人和被投射的护理单元，以及被用作投射分子的格拉迪斯，他们全都被以同样的方式戏剧化。这些扭曲的身份在治疗上非常重要，因为它们既可以用来代表身份和人格的愈合，也可以用来代表这些身份和人格的分裂。

蒂尔凯生动地描述了一位试图解决问题的员工。他为了实现团体中的某些整合，利用了自己在戏剧化中的角色（攻击者）地位。

警告：因为愤怒……是一种投射的愤怒，接收者是这位咨询师。愤怒很少只有一个来源，而是有很多的源头，因而对此有点总结，在转移的过程中，咨询师可能感觉愤怒是从内部突然发生的。然而，这是他工作的一部分，为了建设性地使用这种体验，他将开始谈论这种愤怒。然后他可能会遇到一个寻常的反应……直接的不相信。这种不相信可能导致两种后果。第一种是让他自己去生气，从而把他孤立起来。第二种是愤怒地责备他："他怎么能说这种话""这肯定是他的想象"或"我听到咨询师这样说话就生气"——这仍然是为了隔离他。为了重新爬到原来的位置，或者在这种情况下站稳脚跟，他可能不得不强势，也许是通过大声或者专断地讲话，也许是用他沉重的入场状态或自我主张的指挥让大家沉默；于是大家被告知他"显然很生气"。这就步入了僵局。这种体验来自团体，若对此保持沉默，就会面临屈服。用言语揭示这种体验又会过于激烈。技术上的解决之道就是对这两种情境同时做诠释——屈服或者在唯我独尊中幸存下来——而这两个方面都反映出成员们的问题（1975，p.129）。

蒂尔凯描述的正是做诠释的问题。戏剧化的关系向这位员工（咨询师）逼近，把他困在一个愤怒的权威角色里。蒂尔凯逼真地描述了他试图重新获得权威的问题。他的努力只会使他越来越深地陷入戏剧化，陷入他试图摆脱的角色里。

他的技术解决方案——对两个方面的情境做诠释——是正确的，因为正如他所说，这与成员们整体的体验有关。试图谈论他自己的愤怒体验，不过是在宣扬自己的权威。会议中有两个方面的体验：一个是攻击者的霸道，另一个是失败者的屈服。可以用语言来跨越这两种体验，从而实现桥接功能。

在会议上，重新诠释个人的努力可以瞬间完成，迅速到让人难以保持冷静。不过，这个瞬间也可能是最有启示意义的时刻。

在我们刚才的示例中，需要重新诠释的是整个组织的结构。心理上的距离，作为一种障碍横亘在组织结构上。这里需要同样的桥接功能。社区既调整了组织结构又用语言进行诠释。语言诠释和对障碍的清醒认识，对于完成桥接工作而言，是缺一不可的。

总　结

本章描述了在社区不同部分之间，组织结构上的距离被病人用来表达情感疏离和分裂的体验时，给社区造成的问题。

尽管问题是围绕着并聚焦在一个特定病人身上的，然而有问题的体验却来自社区内部的各种缘由。这个示例描述了社区对这个结构的、架构的和情感的距离进行了治疗性的桥接工作。这说明桥接功能是社区治疗性管理的核心要素，使社区沿袭着 F 维度朝向更灵活的体制发展。

第二十一章

员工工作准则

在本书的开头，我强调了个人自身体验的重要性。这是治疗性社区员工的工作工具。现在我们确定如何使用这个工具。也许最直接的做法是，在三个基本原则下制定员工们在社区工作时应该回答的一些问题。下面我将从示例20.1中的社区会议中的日间员工的角度，来提出问题。

1.员工必须努力保持对自己当下体验的熟悉。他应该观察以下情况：

（a）是否感觉自己被某种情绪吸引，而这种情绪令他困扰或者是令他感觉不确定？

（b）是否感觉自己在团体中处于一个特殊的情绪位置？

（c）能否体验到团体中的其他情绪？

2.反思自己当下的情感和立场有助于员工融入团体。员工应检查自己的如下感受：

（a）戏剧化中还有哪些其他角色？

（b）是否发现自己有且仅在个人层面上做出回应的冲动？

（c）谁在领导着正在发生的事情？

（d）自己是社区戏剧化的领导者，还是跨越障碍具有桥接功能的领导者？

3.在这种情况下，员工可以进行干预。干预可以是简单的提问，或者推动进一步的活动。然则，这也可能是大胆地做诠释，尝试桥接情感上的距离。他可能希望支持某人做桥接的努力。无论做了什么，接下来都必须观察团体的反应。

（a）对干预措施的回应？——或者他被戏剧化所吸纳了？（回到问题1a）？

（b）如果没有立即回应，他是如何体验这种沉默的？他感觉是人们在反思，还是说沉默让他陷入了一个他预料之外的境地？

（c）如果是其他人进行了干预，他自己对这种干预有什么感觉？

（d）介入者的命运？

那个员工

我们现在可以想象示例20.1社区会议中某人的处境。主人公叫戴夫，他正处于问题的顶峰阶段。

1a）是否感觉自己被某种情绪吸引，而这种情绪令他困扰或者是令他感觉不确定？

参加社区会议是一件令人沮丧的事情，一切都显得那么不明朗。戴夫没法对护理部门那边发生的事情做决断。他们似乎很不负责任，什么事情都没有组织起来，而且他们似乎不知道自己该何去何从。他们不负责任。格拉迪斯完全不可理喻，她就是个麻烦制造者，应该有人盯着她才对，但是日间社区怎么能管住她晚上出去酗酒呢。

1b）是否感觉自己在团体中处于一个特殊的情绪位置？

戴夫觉得这太难了。他想知道其他员工感觉怎么样。身为员工，应该做些事情，可是无论做什么都是无用功。护理单元的员工应该安置好他们的问题病人，而不是用这些问题来给社区找麻烦。为什么他对这一切都感觉沮丧呢？也许是因为他昨晚在酒吧里和女朋友吵了一架后太累了。但是也可能是因为他被放在一个极其艰难的位置上了。在大家还没把事情弄清楚的时候，他就得帮助护理单元摆脱困境（这感觉有点像他的女朋友！）。这意味着什么，感觉护理单元的夜班员工让他们难堪？

1c）能否体验到团体中的其他情绪？

也许根本就不应该收治这个病人——这只是因为苔丝是新来的，她想证明自己有能力处置这样的病人。戴夫想知道为什么自己对苔丝也有这种谴责和鄙夷拒绝的态度。他想知道这些对同事贬低的观点是合理的，还是被扭曲的。值夜班的同事是不是也感觉无所适从呢？他们对社区会议上的戴夫和其他人有什么想法吗？戴夫觉得这两个部门之间有一个大鸿沟，彼此之间又充满了张力，像离婚似的。也许这很重要。也许很多人都感觉无能为力，有些像苔丝这样的人，想要证明自己（像戴夫和他的女朋友）。

对戴夫和其他人有什么想法？也许他们也觉得高枕无忧了。戴夫认为，他们之间存在着巨大的鸿沟。如果社区和"单元"之间的关系如此紧张，也许这很重要，真的是一种离婚。也许很多人都感到无能为力，有些人，像苔丝，想证明自己（像戴夫和他的女朋友）。

2a）戏剧化中还有哪些其他角色？

夜班护士从格拉迪斯那里听到了很多曲解的意见——这是显而易见的；也有些意见来自日间成员。戴夫开始察觉到了一些东西。格拉迪斯把他们当猴子耍，让他们绕圈子，这样他们看起来就像傻瓜，而不是有爱心的专业人士，也不是明智的，想要维持最低秩序的权威。格拉迪斯在护理单元里扮演着被压迫的受害者。哪个是对的？她是被不合理的打击报复所压迫，还是她因愚弄了他们而成为隐秘的胜利者？然后是苔丝——她一直在推动会议的进行。仿佛苔丝在利用格拉迪斯来证明什么。她急于弄清楚一些事情，但她希望社区去做护理单元晚上不得不做的那些工作。好像各处都有见诸行动，要把什么东西给表演出来似的——这东西与无力感有关，还让别人（在别处）感受到它。它猛力地推动，一直在分裂。

2b）是否发现自己有且仅在个人层面上做出回应的冲动？

戴夫希望格拉迪斯得到适当的控制。在他看来，她明明就是罪魁祸首。他又开始对护理单元的护士们产生了同理心。他觉得只要处理了她，问题就会迎刃而解。他希望召开会议，会上告诉格拉迪斯在护理单元的行为规则，且禁止喝酒。

2c）谁在领导着正在发生的事情？

格拉迪斯是这个问题的核心。但她似乎除了挑衅并没有带领大家做什么。然后是苔丝，是她让格拉迪斯入院的。她希望社区能继续做些事情。然后是维罗妮卡，另一位员工，她希望护理单元能参与社区会议的这些讨论——但你怎么能指望值夜班的员工来参加日间会议呢？他假设是格拉迪斯在领导这个使员工们无能为力且名誉扫地的过程。维罗妮卡似乎在领导别的事情——她并没有试图证明什么。

2d）自己是社区戏剧化的领导者，还是跨越障碍具有桥接功能的领导者？

也许，维罗妮卡想与夜班护士进行讨论，她在做些与众不同的事。看起来，她对自己很有信心，并没有被格拉迪斯对她的欺凌威吓所打倒。她一直说，夜班护士一定要有自己的观点并且能够去表达。戴夫也这么认为。也许她是想把那些无所适从的蠢护士们与我们余下的批评他们的人联系起来（在两者之间搭起一座沟通的桥）。

3a）对干预措施的回应？

当苔丝说应该阻止格拉迪斯外出，从而阻止她酗酒时，戴夫补充了他的意见以支持她。他说格拉迪斯应该听从苔丝的话。他以为这样一个单刀直入的安排会让一切得以迅速解决。但不知何故，格拉迪斯扭曲了他的意思，把他在酒吧里偶然遇到她，还给她买了杯酒的事儿也扯进来了（他女朋友认为他对格拉迪斯太好了，所以生气了）。苔丝似乎对这件事很生气。他觉得是自己的评论损害了她的威信，但他并不明白怎么回事。戴夫想了想，感觉自己是这件事的一部分。他急于控制格拉迪斯，但最后却显得有点蠢，像个非专业人士一样过度参与了。

3b）如果没有立即回应，他是如何体验这种沉默的？

后来他问维罗妮卡，值夜班的员工怎么才能来参加会议呢？大家沉默了很久。起初，他感到很不舒服，但她环视了一下房间，好像她认为人们应该认真对待这个问题。最后有人说，他和维罗妮卡应该找个晚上，作为日间社区的特别代表，到护理单元去一趟。这时他可以感觉到已经发生了一些变化。一种不一样的行动已经展开：这个行动不是为了操纵，不是为了让别人感觉到什么，更不是像戏剧化中那样活现角色。

3c）如果是其他人进行了干预，他自己对这种干预有什么感觉？

当苔丝一直试图劝说格拉迪斯时，他觉得她太随和了，所以他想让会议变得更强硬。他开始意识到自己是多么希望格拉迪斯能受到惩罚。随着她把格拉迪斯逼得越来越紧，苔丝也变得越来越焦虑。仿佛她已经开始了自己无法停止的事情。这仍然是围绕着一个模式在进行：一个人因为对别人非常严格而被打败了，或者试图照顾他们而被愚弄了。这种情况一直持续到维罗妮卡开始新的尝试。

3d）介入者的命运？

维罗妮卡不断回到她关于将夜班护士纳入讨论的观点。起初，这些观点被忽视了，但在苔丝陷入与格拉迪斯争论不休的境况后，威尔说他不知道所谓护理单元是要惩罚人还是要照顾人。戴夫认为这是一个很好的观点，因为这是从这两个立场在进行讨论。然后维罗妮卡问，如果没有护理单元的员工在场，我们如何能讨论这个问题。而这次他是站在她这边来的，因为这很合理。在有人想到要派代表后，他们在护理单元里设立了新的会议。戴夫感到有点高兴，但他也觉得自己被任命，要去完成一个很大的任务。

以这种方式工作的能力取决于个人自己的直觉，以及他接收自己的瞬间体验，并对此反思的能力。他的体验既属于团体，也属于他自己。这是他进入团体舞台的个人之门。

总　结

为了帮助大家重点使用个人的直觉和反思能力，我提出了一些准则。这些准则可以简化成一小组问题。治疗性社区工作者的头脑中应该把这些问题作为思考的指示灯，坚持使用。

第一个问题：这是不是一些无意识的客体关系的戏剧化？重要的是要检查是否有些非现实的情感关系在会议中上演。

第二个问题：我是否被卷入了某个戏剧化的角色中？会议和团体中的活动以及组织间的关系可能表达了一些集体防御机制。当自己感觉被卷到猜疑和敌对的时候，应该核实它并用语言表达出来。保持中立，不应偏袒任何一方。

第三个问题：为什么是这个特定的人被分配到戏剧化的这个特定角色？这说明了他自己人格上的哪些内容？个体对一个角色的化合价是非常重要的。他在社区中所参与的外部关系对他内在的幻想是很重要的。对他来说，把自己人格中这些分离的部分重新联系起来，有很重要的治疗意义。

第四个问题：是否有一种诱惑，会让人将注意力集中在一个麻烦的病人身上？个体治疗化本身就是一种戏剧化（见第九章）。这是社区动力的一部分，不管什么时候，只要它发生，就应该把它指出来。个体所有的问题都属于团体。

第五个问题：最近一次用言语表达议题的反应是什么？对干预的反应是极有启示性的。干预本身将表明干预者是否被戏剧化了。反之，对干预的反应将表明是否已经产生了向言语化转变的治疗效果。如果干预是戏剧化的一部分，那说明被误导了。

第六部分
作为治疗性社区的团体

第二十二章

相互滲透

当他们开始与小型治疗性团体合作时，比昂和福克斯转换了精神分析的概念——尤其是潜意识和防御机制。随后，当比昂将他的兴趣从小团体再次回到精神分析时，他将他在团体配对文化概念中发展起来的联接和涵容的思想融入了进来。有了这些想法，他可以通过理解精神病患者所忍受的经历来发展精神分析。

从一种心理治疗的环境到另一种环境的转变，可能会丰富心理动力学领域对人们的理解。我将以小团体治疗来结束治疗性社区这种描述，小团体治疗现在可以从大团体和社区的视角通过互相渗透来使其丰富。

为了做到这点，我将在本书中采用主题的主要元素一个接一个地将他们与小团体治疗的实践工作关联起来。因此，本章也是对整本书的总结。本研究中各种想法之间的相互关系，在图22.1中给出了说明。

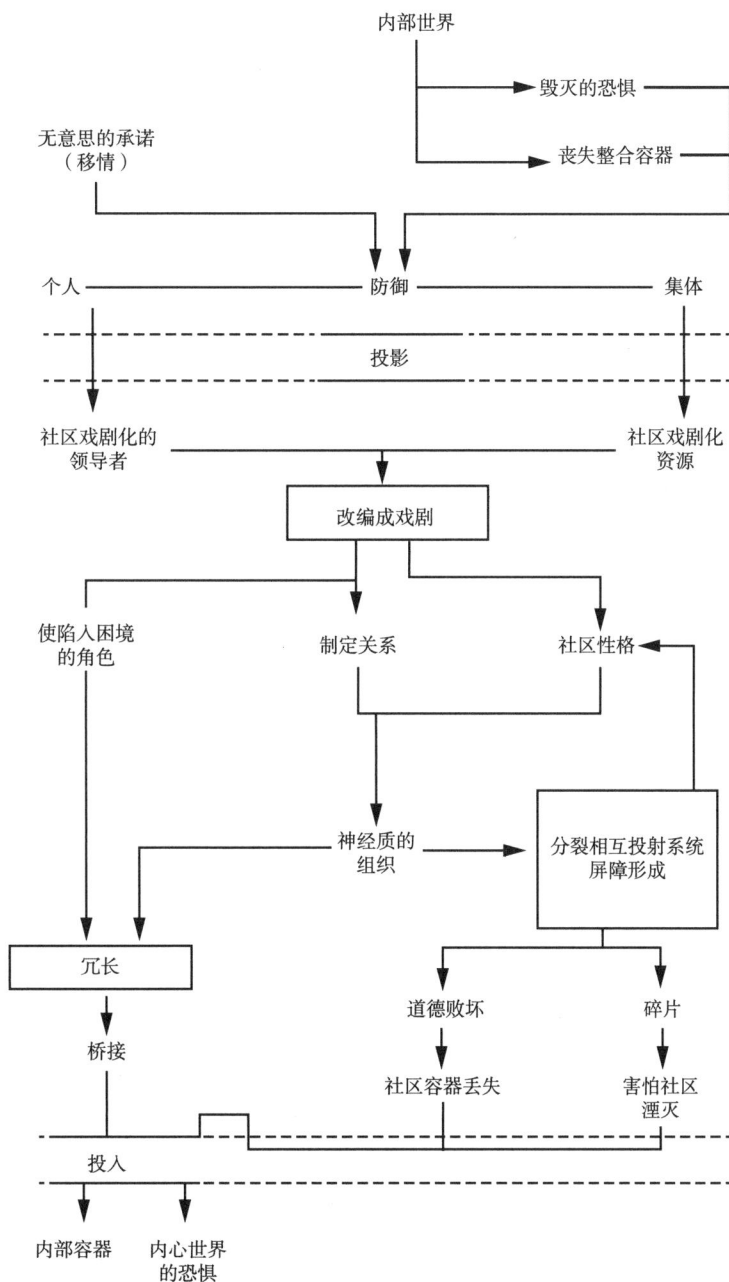

图22.1　主题总结图

内在世界与投射

每一个个体都将他自己内在世界的冲突和关系带到任何组织中。任何团体，无论其规模大小，实际上不过是各种组成它的内在世界的整合，只要团体的整体超过各个部分的总和，个体整合的过程就越多。个体的内在生活是受爱和恨驱动，尤其被双重恐惧所刺激，这个双重恐惧是对个人湮灭的恐惧，即他爱的客体湮灭的恐惧。就心理治疗的环境，他具有心理治疗者的拯救特点。这个治疗者代表了好的、爱的客体，可以是治疗师、团体或社区。

与这些恐惧相关的是个体带着他自己的防御机制，这些防御机制无论是在社区还是在团体生活中都成为团体文化中组织起来的集体防御。这些防御机制里核心的防御机制是投射。通过这种防御机制，团体中的角色被赋予坚持不懈的力量，以及对现实理解的抵制。即使是在小团体里，这个力量也能让个体定位在他有办法去适应的角色中，这一点是惊人的。（不确定性）就像社区的投射足以破坏组织所追求的任务。

戏剧化

因为一个社区必须维持一个活跃的组织，并不仅仅是口头说说的，个体之间关联的潜意识多样且强烈变得更明显。团体成员、团体治疗师都给团体带来了什么，是一种客体之间对关系的认识，因为他们都是人。这些关系在团体中展现，在团体中感知到的虚幻形象之间或涉及团体和他的成员的关系中呈现，而这部分应该首先关注。重要的是要意识到这些关系以潜意识戏剧的形式发生，即使是在仅仅限制他们自己口头交流的小型治疗性团体中也是如此。非言语的沟通和幻

想活动都与非常积极的操控有关，即对自我和他人在团体中的角色和
人际位置的操控。这种活跃的模式我称之为戏剧化，与用言语表达情
感和幻想的方式截然相反。

戏剧以精确的方式建构一个团体，而这些方式是值得注意的。并
最终口头描述成了治疗目的。这就如同将一个组织结构划分为理性的
或无意识的子团体一样精准，不可避免。与之形成对比的是建立在
"团体作为一个整体"概念之上的团体治疗（Foulkes，1964），也许
会退化为对团体同质性的坚持（de Mare，1985）。当一个团体的想法
以某种方式超越了现实时，是治疗师的建构，形成了一个便利的杜撰
来逃避潜在的或伪装的敌意，尤其是朝向治疗师的敌意。（优化）重
要的是要记住，团体作为一个整体不一定要与团体成员的看法一致。

内在客体关系和社区人格

在团体中无意识表现出来的客体关系，可以通过直觉的"第三只
眼"的感知看到，可以说是"第三只眼"记录了在公开的互动和潜台
词中情感随之暗流涌动。这些关系从何而来呢？在个体的人格中，一
个团体拥有大量的客体关系的资源储备，其中包括大量的潜意识幻想
关系。这些都是内在关系，就像弗洛伊德描述的概念自我和超我之间
的关系一样（Frued，1923）。这包含人格各部分之间的内部互动。这
些内在关系被人们体验为安慰或迫害。与各种各样的团体工作，特别
是与大团体工作，会显示这些类型的关系是极度多变的，并且证实了
克莱因对弗洛伊德的内在关系理论的扩展（Klein，1929）。

弗洛伊德指出，在某些情况下，自我内在关系被外化是为了减少
这些关系导致的痛苦，尤其是惩罚性关系（Frued，1916）。他描述过
某一些罪犯受到内在罪恶感折磨，而罪恶感通过外化为一种实际的错

误行为而得到缓解，从而导致了实际的外部惩罚。似乎外在的惩罚从来都比不上内在幻想和对惩罚的担忧。人们常常意识到，让一个人没有自己的良心也许会比规定一个实际的惩罚糟糕得多。

这种类型的外化也是一种防御，因为它减轻了内心的痛。这也是由克莱因发扬光大的，她指出：儿童将其幻想外化到玩玩具和布偶的过程中，这具有相同的过程（Klein，1927）。我的观点是这可以在团体中得以更深入的扩展。团体中的戏剧化关系都是内在客体关系的外化。这个观点在第五章中阐述过，起源于贾科斯（Jaques），他是第一个用这种方法描述体系的。

社区人格与防御文化

一个接受内部客体关系外化的组织，其功能是支持其个体成员的心理防御。建立起来的关系的类型，或对它们的反应，可能会导致整个组织以特定方式工作，例如增强这种防御性。这成为子团体和障碍之间相互投射的社会防御系统，还可能导致真实的和组织现实任务的严重扭曲。

占主导地位的个人，在将他们自己的内部世界外化方面更加有力，以他们自己的印象描绘给社区及其组织。个人自身特有的防御与社区通过逃避的方式处理其当前问题的需要之间的契合，导致了社区的特定制度，因此这些制度与个人一样，可以说具有社区人格。

尝试进行分析操作的治疗小组必须注意团体文化以及个人的防御性质。事实上，许多关于团体治疗的作者都将团体转向适应不良的文化作为团体特征来重点关注。

在这方面，我们可以想到比昂的早期观察（1961），他描述了三种团体文化，每种文化都充满了一个不言而喻的基本假设——

（1）团体依赖于领导者（基本假设依赖关系，BaD）；（2）该团体有一个敌人要战斗或逃离（基本假设战斗/逃跑，BaF）；（3）在两个或多个成员之间的交往中，该团体即将诞生一个救世主的观念或个人（基本假设配对，BaP）比昂将这些基本假设的文化与工作团体的文化进行了对比，工作团体文化以团体明确和有意识的任务为主导；该群体不得不为完成工作任务而奋斗，否则会被拖回到由基本假设主导的原始团体行为中。

埃斯瑞尔（Ezriel，1956）在研究将精神分析的解释作为一种正式的科学实验时，同样从团体整体文化的角度来看待团体治疗。特别是在埃斯瑞尔的表述中，防御文化是根据独特的关系来构想的。团体文化只是一种表面表现，一种必需的关系；它是必需的，因为有一种隐藏关系必须被避免，这种被避免的关系，之所以反过来会被避免，是因为它会导致一场灾难。在埃斯瑞尔看来，团体文化是一种复杂繁多的关系，类似于无意识冲动和防御性回避之间的精神分析冲突。

由惠特克和利伯曼（Whitaker，Lieberman，1964）制作的限制性解决方案和支持性解决方案之间的区别与这种关系结构相似。在他们看来，团体在面临某种团体问题（群体焦点冲突）时，团体可以选择解决方案；最简单的、最常见的解决方式——回避，是限制性的解决方案（见示例9.1），这会导致适应不良的团体文化，或者，通常由团体争取的支持性解决方案允许小组成员自由表达并为其提供更广泛的选择。

个人防御与组织防御的相互作用是一个复杂的过程，它在任何时候都涉及领导的无意识协商。这是一场关于谁的内在关系可以被允许外化的协商，这也取决于团体问题以及个体自身的防御性与他们对团体主要元素的适宜性之间的匹配度。因此，团体中的制度是个体内部的整合，用于适当的外化典型的客体关系。

障碍和子团体

内部关系的外化需要在外部团体中建立相同类型的内部分裂，这种分裂在个体人格的内在发生。贾克斯指出，在一个组织中，诸如此类的外化表现在组织某些部分之间沟通的扭曲或阻塞。这些障碍和扭曲发生的地点是交流障碍，并表明其他组的幻想建立在跨越障碍的不现实的投射之上。每一方的个人都会误解另一方的人，这样做是出于防御目的。一个团体的防御文化取决于他们自己的误解和另一个子团体的反认知。

小团体中的联盟与组织中的沟通障碍具有相同类型的投射力量。它们是通过将团体注意力从自己身上分散开而产生的力量，是团体核心问题的线索，其防御性和不被涵容的焦虑被回避了。此外，在小型门诊团体中，他人的存在，例如个体或团体，往往也是极其重要的。哪怕只是对另一个团体的幻想，这种文化往往是通过对其他团体的默示得以维持的。

角色和替罪羊

划分用于防御性投射的子团体的屏障可能会划分出所有团体中最小的团体，即个体本身。在这种情况下，一个人扮演着一个特殊的角色，在这个角色中，他以一种未加规定但至关重要的方式与团体中的其他成员分开。潜意识的防御需要投射特定的特征到他身上，并将他用独特的内在客体关系联系起来。这个指定的角色旨在处理影响团体主要元素的社区问题，是对个体自身人格的潜意识方面的回应，这符合当时所需的特定替罪羊角色。由于来自社区问题的巨大焦虑压力，这些角色甚至囚禁了最不情愿的参与者。

士气低落和碎片化

就像个体神经症的防御一样，一个采用了防御性文化和戏剧化扮演作为它活动最重要的部分的团体往往会破坏其既定目的的有效性。障碍的产生和内部沟通质量的下降导致组织日益紧张，然后通过进一步进入防御文化来应对日益加剧的紧张局势。进一步的分组，伴随着障碍的形成，增加了碎片化，从而导致士气低落及进一步的防御。

在小团体中，团体的目的是以一种治疗的方式聚集在一起，任务将会被扭曲并变成无所不能或肤浅的努力：让每个人都变得更好。因为小型治疗性团体的大多数成员对所需要的东西完全不熟悉，随之而来的内心的困惑和绝望感经常通过形成防御性文化来处理——例如个体治疗，围绕着单个人形成障碍，以及一种关系（团体对个人）戏剧化地表现出一种防御性的希望，希望得到最好结果的努力，这种努力不可避免地是徒劳的。

就像社区中的组织是脆弱的一样，一个小团体也会四分五裂成碎片。破坏小团体的明显分散形式——缺勤、退出和在团体发展过程中个体退缩到缄默和沉默幻想的一种特有形式，是碎片戏剧化的常见证据。个体的退缩，无论是在身体上还是在心理上，即使是一个小团体都会使其在心理上支离破碎。归属于团体所依赖的内化和外化之间的回响，会导致个体在认同他的团体中越来越害怕，因为他自己也在碎片化中。

灵活性、包容性和内化

并非所有组织都会陷入士气低落陷阱的恶性循环。一个组织能否找到出路的关键在于组织中包含的个体焦虑是否得到了僵化或灵活地处理。僵化的制度被描述为涉及跨越障碍的投射，伴随着沟通的减少以及组织和个体的日益碎片化。

相比之下，灵活的组织表现出相反的特征——他们具有这样的能力：测试他人看法的真实性而不是坚持不可信的投射的刻板印象，保持对沟通质量的控制，以及对目标和任务的持续的现实感。

这是一个维度——从僵化到灵活——这在所有人类互动中都很明显。在小团体治疗中，问题是如何将具有防御性个体的团体推向一个维持更灵活制度的团体。而这些具有防御性的个体善于创造僵化的防御文化以支持他们自己的个人防御。最终，团体（或任何疗法）的唯一治疗效果是从团体中获得的一些更灵活的特征最终内化回个体。

一开始就在戏剧化模式和语言化模式之间进行了对比。团体为个体需要提供灵活性的关键在于个人能够在他的身份认同和与团体的归属感的过程中内射进灵活性，这种灵活性在于能够持续地把所有问题都通过言语表达出来。

然而，所需要的不是简单的口头表达，而是跨越障碍所涉及的关系的表达。这是一种语言衔接功能，一种行为可以包含在个体的句子里表达出来，表达的内容既可以是个体之间的，也可以是子团体之间，或者是个体与团体之间发生的戏剧化关系的双方。

比昂评论说，没有人可以独立于团体之外而存在，并且这种"价值"包括："个人的特征，除非意识到它们是他作为群居动物的装备的一部分，否则他无法理解其真正意义。除非在可理解的研究领域中寻找操作，否则无法看到他们是如何运作的——研究在这里的情况是团体。你无法理解一个隐居的隐士，除非你了解他所属的群体"（Bion，I961，p.133）。以同样的方式，如果不具备成为社区并为社区内的子团体系统做出贡献的元素，则任何团体都不存在。从这个意义上说，除非寻找社区生活的必备元素——尤其是戏剧化、障碍和桥梁——否则就无法理解团体及团体中的个人。

参考文献

Adler, G. (1972)'Helplessness in the helpers', *Br. J . Med. Psychol.* 45:315-326.

Anzieu, D. (1984) *The Group and the Unconscious.* Routledge & Kegan Paul.

Asch, S.E. (1952) *Social Psychology.* New Jersey: Prentice-Hall.

Baron, C. (1984) 'The Paddington Day Hospital: crisis and control in a therapeutic institution', *International Journal of Therapeutic Communities* 5:157-170.

—— (1987) Asylum to Anarchy. Free Association Books.

Barton, R. (1959) *Institutional Neurosis.* Bristol: Wright &Sons.

Bateson, G., Jackson, D.D., Haley, J. and Weakland, J. (1956) 'Toward a theory of schizophrenia', *Behavoural Science* 1:251-264.

Berke, J.H. (1982) 'The Arbours Crisis Centre', *International Journal of Therapeutic Communities* 3:248-61.

Bion,W.R. (1961) *Experience in Groups.* Tavistock.

——(1970) Attention and Interpretation. Tavistock.

Bott, E. (1976) 'Hospital and society'. *Br. J. Med. Psychol.*19:97.

Christian, A.S. and Hinshelwood, R.D. (1979) 'Work groups', in Hinshelwood and Manning (1979).

Clark, D. (1964) *Administrative Therapy.* Tavistock.

Clemental-Jones, C. (1985) 'The rapist: harmful strategies used by therapists and staff members in therapeutic communities', *International Journal of Therapeutic Communities* 6:7-13.

Cooper, D. (1967) *Psychiatry and Anti-Psychiatry.*Tavistock.

Crocket, R. (1966) 'Authority and permissiveness in the psychotherapeutic community: theoretical perspectives', *Am. J. Psychother.* 20:669-676.

Ezriel, H. (1956) 'Experimentation within the psychoanalytic setting', *British Journal for the Philosophy of Science* 7:29-48.

Festinger, L. (1950) 'Informal Social Communication', *Psychological Review* 57:271-282.

Festinger, L., Schachter, S. and Back, K. (1950) *Social Pressures in Informal Groups.* New York: Harper & Row.

Foster, A. (1979) 'The management of boundary crossing', in Hinshelwood and Manning (1979).

Foulkes, S. (1964) *Therapeutic Group Analysis*. George Allen & Unwin.

Freud, S. (1913) *Totem and Taboo, in James Strachey, ed. The Standard Edition of the Complete Psychological Works of Sigmund Frend, 24 vols. Hogarth* 1953-73. vol. 13, pp. 1-164.

—— (1914) 'Remembering, repeating and working-through'. *S.E.* 12, pp. 145-156.

—— (1916) 'Some character types met with in psychoanalytic work: criminals from a sense of guilt', S.E. 14, pp. 332-336.

—— (1921) Group Psychology and the Analysis of the Ego. S.E. 18, pp. 67-144.

—— (1923) The Ego and the Id. S.E. 19, pp. 1-68.

Glaser, F. (1977) 'The origins of the drug-free therapeutic community-a retrospective history',in P. Vamos and J.E. Brown, eds *Proceedings of the Second World Conference of Therapeutic Communities*. Montreal: Portage Press.

Goffman, I. (1961) *Asylums*. Penguin.

Greene, L. (1982) 'Personal boundary management and social structure', in Pines and Raphaelson (1882).

Greene, L. and Johnson, D.R. (1987) 'Leadership and the structuring of the large group', *International Journal of Therapeutic Communities* 8: 99-108.

Grunberg, S.R. (1973) 'The therapeutic community and its politics', *Association of Therapeutic Communities Newsletter* 7.

Gunn, J., Robertson, G., Dell, S. and Way, C. (1978) *Psychiatric Aspects of Imprisonment*. Academic Press.

Guntrip, H. (1961) *Schizoid Phenomena, Object Relations and the Self*. Hogarth.

Higgin, G. and Bridger, J. (1965) 'The Psychodynamics of an Inter-group Experience', *Tavistock Pamphlet* 10.

Hinshelwood, R.D. (1972) 'A treatment model for a community', *Association of Therapeutic Communities Newsletter* 6.

——(1979) 'Demoralisation in the hospital community', Group-Analysis XII: 84-93.

——(1980) 'The seeds of disaster', International Journal of Therapeutie Communities 1:181-188.

——(1982) 'Complaints against the community meeting', International Journal of Therapeutic Communities 3:88-94.

——(1983) 'Projective identification and Marx's concept of man', Int. Rev. Psycho-Anal. 10:221-225.

——(1983a) 'Editorial: our three-way see-saw', International Journal of Therapeutic Communities 4:167-168.

——(1985) 'Anti-therapeutic forms of cohesiveness in groups' International Journal of Therapeutic Communities 6:133-142.

——(1986) 'Britain and the psychoanalytic tradition in therapeutic communities', in G. de Leon and J.T. Ziegenfuss (1986).

Hinshelwood, R.D. and Foster, A. (1978) 'The Marlborough experiment', in J. Abercrombie, ed. *Students in Need*. Guildford: Society for Research into Higher Education.

Hinshelwood, R.D. and Grunberg, S.R. (1975) 'The large group syndrome', *Group-Analysis* VII. Reprinted in Hinshelwood and manning (1979).

Hinshelwood, R.D. and Manning, N.P., eds (1979) *Therapeutic Communities: Reflections and Progress*. Routledge & Kegan Paul.

Hood, S. (1985) 'Staff needs, staff organisation and effective primary task performance in the residential setting', *International Journal of Therapeutic Communities* 6:15-36.

Jaques, E. (1951) *The Changing Culture of a Factory*. Routledge & Kegan Paul.

——(1955) 'Social systems as a defence against persecutory and depressive anxiety', in M. Klein et al., eds New Directions in Psychoanalysis. Tavistock.

de Jong, A.J. (1983) 'Eating and weight disturbance in a psychotherapy community', *International Journal of Therapeutic Communities* 4: 220-233.

Jones, M. (1982) *The Process of Change*. Routledge & Kegan Paul.

Jung, C. (1916) *The Psychology of the Unconscious*. Retitled *Symbols of Transformation*, in H. Read, M. Fordham, G. Adler and W.

McGuire, *eds The Collected Works of C.G. Jung,* 20 vols. Routledge & Kegan Paul. 1951. vol. 5.

van Kalsbeck, A.G. (1980) 'The Zuideroord Story', *International Journal of Therapeutic Communities* 1:189-201.

Kennard, D. (1983) *Introduction to Therapeutic Communities* Routledge & Kegan Paul.

Kernberg, O. (1984) 'The couch at sea', *Int. J. Group Psychother.* 34: 5-23.

Kesey, K. (1962) '*One Flew Over the Cuckoo's Nest.* New York: viking.

Khaleelee, O. and Miller, E. (1985) 'Beyond the small group: society as an intelligible field of study', in M. Pines (1985)

Klein, M. (1927) 'Criminal tendencies in normal children', in *The Writings of Melanie Klei*n, vol. 1, pp. 170-185. Hogarth (1975).

——(1929) 'Personification in the play of children', in The Writings of Melanie Klein, vol. 1, PP. 199-209.

——(1946) 'Notes on some schizoid mechanisms', in The Writings of Melanie Klein, vol. 3, pp. 1-24.

Klein, R. (1981) 'The patient-staff community meeting: a tea party with the mad hatter', *Int. J. Group Psychother.* 31:205-220.

Klein, R. and Brown, S-L. (1987) 'Size and structure as variables in patient-staff community meetings', *International Journal of Therapeutic Communities* 8:85-98.

Kreeger, L., ed. (1075) *The Large Group.* Constable.

Laing, R.D. (1960) *The Divided Self.* Tavistock.

van den Langenberg, S. and de Natris, P. (1985) 'A narrow escape from the magic mountain?', *International Journal of Therapeutic Communities* 6:91-101.

de Leon, G. and Ziegenfuss, J.T., eds. (1986) *Therapeutic Communities for Addictions: Readings in Theory, Research and Practice.* Springfield, Illinois: Charles C. Thomas.

Mahler, M., Pine, F. and Bergman, A. (1975) *The Psychological Birth of the Human Infant.* Hutchinson.

Main, T.F. (1975) 'Some dynamics of large groups', in L. Kreger (1975).

——(1977) 'The concept of the therapeutic community: variations and vicissitudes', *Group-Analysis X.* Reprinted in Pines (1983)

Manning, N.P. (1976) 'Values and practice in the therapeutic community', *Human Relations* 29:125-128.

——(1979) 'The politics of survival: the role of research in the therapeutic community', in Hinshelwood and Manning (1979).

——(1980) 'Collective disturbance in institutions: a sociological view of crisis and collapse', *International Journal of Therapeutic Communities* 1:147-158.

de Mare, P.B. (1985) 'Large group perspectives', *Group-Analysis* XVIII:79-92.

Mayo, E. (1933) *The Human Problems of an Industrial Civilisation.* Boston: Harvard Business School.

McKeganey, N.P. (1986) 'Accomplishing ideals: the case of hospital-based therapeutic communities', *International Journal of Therapeutic Communities* 7:85-100.

Mendizabal de Cleriga, M. (1985) 'Oscillation in a therapeutic community', International Journal of Therapeutic Communities 6:37-44.

Menzies, L.E.P. (1960) 'A case study in the functioning of a social system as a defence against anxiety', *Haman Relations* 13:95-121. Reprinted as *Tavistock Pamphlet* 3 (1970).

——(1979) 'Staff support systems: task and anti-task in adolescent institutions', in Hinshelwood and Manning (1979).

Milgram, S. (1963) 'Group pressure and action against a person', *Journal of Abnormal and Social Psychology* 67:371-378.

Millard, D.W. (1986) 'Editorial: explanation in group care', *International Journal of Therapeutic Communities* 7: 145-151.

Miller, E.J. and Gwynne, G.V. (1972) *A Life Apart.*Tavistock.

Oskarsson, H. and Klein, R. (1982) 'Leadership change and organisational regression', *Int. J. Group Psychother.* 32:145-162.

Pines, M., ed. (1983) *The Evolution of Group-Analysis.* Routledge & Kegan Paul.

——(1985) *Bion and Group Psychotherapy.* Routledge & Kegan Paul.

Pines, M. and Raphaelson, L., eds. (1982) *The Individual and the Group:*

Boundaries and Interrelations. Plenum.

Ploeger, A. (1981) 'Psychodrama in an in-patient clinic', *International Journal of Therapeutic Communities* 2:13-17.

Postle, D. (1980) *Catastrophe Theory*. Fontana.

Rapoport, R.N. (1956) 'Oscillations and sociotherapy', *Human Relations* 9: 357.

——(1960) *The Community as Doctor*. Tavistock.

Rice, A.K. (1963) *The Enterprise and its Environment*. Tavistock

Roberts, J. (1980) 'Destructive processes in groups', *International Journal of Therapeutic Communities* 1:159-170.

Rose, M. (1982) 'The potential of fantasy and the role of charismatic leadership in a therapeutic community', *International Journal of Therapeutic Communities* 3:79-87.

Rosenberg, S.D. (1970) 'Hospital culture as collective defence', *Psychiatry* 33:21-35.

Rosenfeld, H. (1971) 'A clinical approach to the psychoanalytic theory of the life and death instincts: an investigation into the aggressive aspects of narcissism', *Int. J. Psycho-Anal.* 52:169-177.

Savalle, H. and Wagenborg, H. (1980) 'Oscillations in a therapeutic community', *International Journal of Therapeutic Communities* 1:137-146.

Schlunke, J.M. and Garnett, M.H. (1986) 'Ideal, structure and defence in a small therapeutic community', *International Journal of Therapeutic Communities* 5:38-46.

Segal, H. (1973) *Introduction to the Work of Melanie Klein*. Hogarth.

Sharp, V. (1976) *Social Control in the Therapeutic Community*. Farnborough: Saxon House.

Shenker, B. (1986) *International Communities*. Routledge & Kegan Paul.

Sherif, M. and Sherif, C.W. (1961) *Intergoup Conflict and Cooperation: The Robbers Cave Experiment*. Oklahoma: Institute of Group Relations.

Springman, R. (1976) 'Fragmentation as a defence in large groups', *Contemporary Psychoanalysis* 12:203.

Stanton, A. and Schwartz, M. (1954) *The Mental Hospital*. New York: Basic.

Stockwell, R., Powell, A. and Bhat, A. (1986) 'Living in a therapeutic milieu:

the patient's viewpoint', *International Journal of Therapeutic Communities* 7:101-109.

Sugarman, B. (1974) *Daytop Village-A Therapeutic Community.* New York: Holt, Rinehart & Winston.

Swenson, C. (1986) 'Modification of destructiveness in the long-term inpatient treatment of severe personality disorders', *International Journal of Therapeutic Communities* 7:153-163.

Tollinton, H.J. (1969) 'The organisation of a psychotherapeutic community', *Br. J. Med. Psychol.* 42:431.

Turquet, P. (1975) 'Threats to identify in the large group', in Kreeger (1975).

Whitaker, D.S. and Lieberman, M.A. (1964) *Psychotherapy through the Group Process.* Chicago: Aldine.

Whiteley, J.S. (1972) *Dealing with Deviants.* Hogarth.

Winnicott, D.W. (196o) 'The theory of the parent-infant relationship', in D. W. Winnicott (1965) *The Maturational Processes and the Facilitating Environment.* Hogarth.

图书在版编目(CIP)数据

团体中发生了什么 / (英) R.D. 欣谢尔伍德
(R. D. Hinshelwood) 著；霍斐斐，胡萍，徐溪译 . --
重庆：重庆大学出版社，2024.4
(鹿鸣心理 . 心理咨询师系列)
书名原文：What Happens in Groups：
Phychoanalysis，the Individual and the Community
ISBN 978-7-5689-4261-4

Ⅰ.①团⋯ Ⅱ.①R⋯②霍⋯③胡⋯④徐⋯ Ⅲ.①
精神分析 Ⅳ.①B841

中国国家版本馆 CIP 数据核字(2023)第 249465 号

团体中发生了什么

TUANTI ZHONG FASHENG LE SHENME

[英]R.D. 欣谢尔伍德(R.D.Hinshelwood)著
霍斐斐 胡 萍 徐 溪 译
鹿鸣心理策划人：王 斌
责任编辑：赵艳君 装帧设计：赵艳君
责任校对：王 倩 责任印制：赵 晟

*

重庆大学出版社出版发行
出版人：陈晓阳
社址：重庆市沙坪坝区大学城西路 21 号
邮编：401331
电话：(023)88617190 88617185(中小学)
传真：(023)88617186 88617166
网址：http：// www.cqup.com.cn
邮箱：fxk@ cqup.com.cn(营销中心)
全国新华书店经销
重庆市正前方彩色印刷有限公司印刷

*

开本：720mm×1020mm 1/16 印张：18 字数：252 千
2024 年 7 月第 1 版 2024 年 7 月第 1 次印刷
ISBN 978-7-5689-4261-4 定价：66.00 元

What Happens in Groups:Phychoanalysis,the Individual and the Community
by
R.D.Hinshelwood

Published in Great Britain in 1987
Free Association Books Ltd
57 Warren Street ,London W1P 5PA
Copyright ©R.D.Hinshelwood 1987

Simplified Chinese Translation
Copyright ©2024 by Chongqing University Press Limited Corporation

版贸核渝字(2017)第 109 号